流光溢彩的中华民俗文化

魅力独特的民族服饰

流光溢彩的中华民俗文化

魅力独特的民族服饰

王　晶◎编著

吉林出版集团股份有限公司

·长春·

前言

在源远流长的中国历史文化长河里，非物质文化遗产犹如一颗璀璨的明珠闪亮在世界的东方。这是一种摸不着看不到的文化，却通过世世代代口口相传的方式流传了下来，人们又对其进行了艺术加工，形成今天多种多样的艺术形式。我们将这些非物质文化遗产汇集起来，取其精华中的精华，并对其深入挖掘和边缘探索，分门别类地编排出34本《流光溢彩的中华民俗文化》系列丛书，将我国最珍贵的非物质文化遗产图文并茂地呈现在读者面前。

服饰是人类特有的劳动成果，既是物质文明的结晶，具精神文明的含意。

人类社会经蒙昧、野蛮到文明时代，缓缓地行进了几十万年。

我们的祖先在与猿猴相别以后，披着兽皮与树叶，在风雨中徘徊难以计数的岁月，终于艰难地跨进了文明时代的门槛，懂得了遮身暖体，创造出又一个物质文明。

追求美是人的天性，衣冠于人，如金装在佛，其作用不仅在遮身暖体，更具有美化的功能。

从服饰出现的那天起，人们就已将生活习俗、审美情趣、色彩爱好，以及种种文化心态、宗教观念，都积淀于服饰之中，构筑成服饰文化精神文明内涵。

服饰是文化传递非常重要的一种媒介，服装以可视的形式将文化保留下来，传递给一代又一代人，使我们在穿着服装的同时感受了一种文化。

在颜色上，各民族崇尚的色彩体现了与神灵相交感的原始观念。

在大大小小的服装品牌中，或是一些大型民族盛事中都或多或少地负载着传统文化的信息，烙上了民族文化符号的印迹。

中国妇女穿的旗袍，一再被称为“国服”，表现中国女性服饰文化。

又如唐装上的龙纹、云纹、团花团寿等中国传统吉祥纹样，运用提花、织锦、刺绣等各种技巧。所有这些都体现了中国文化特有的风俗和风韵。

通过这些服饰，我们感受到中国文化特有的气息，感受到与这一文化相联系的历史、人文、社会和自然等。

服饰作为一种文化现象，和民族的历史是息息相关的，不同的历史时期，具有不同的文化背景和文化需要。

民间服饰的构成，虽然包括其所用的面料、裁剪工艺、染色、图案、装饰和缝制手法，但更重要的是文化的土壤。俗话说“民以食为天”，那么也可以说“民以衣为地”。

古代中国文明发展迅速，国力强盛，有“衣冠王国”之誉。汉族是世界上人数最多的民族，历史源远流长、文化辉煌灿烂。

汉族民间服饰经过不断发展和改进，将实用功能和装饰作用结合，创造了带有东方色彩的服饰风尚，并对周边国家和地区产生了广泛影响。

本书以图文并茂的形式，带读者认识少数民族文化，品味民族服饰的文化韵致。

目录

目录

第三章　缤纷多彩的少数民族服饰

第四章　民间服饰是斑斓厚重历史的馈赠

目录

目录

第一章

服饰是人类物质文明进步的结晶

服饰是人类特有的劳动成果，它是物质文明的结晶，具精神文明的含意。

人类社会经蒙昧、野蛮到文明时代，缓缓地行进了几十万年。我们的祖先在与猿猴相别以后，披着兽皮与树叶，在风雨中徘徊难以计数的岁月，终于艰难地跨进了文明时代的门槛，懂得了遮身暖体，创造出又一个物质文明。

◆中国古代服饰的特点

汉服作为一种独立服饰体系，在历史的传承与发展中，形成了独特的文化背景和民族风貌，鲜明的风格特色，明显区别于中国其他民族及世界任何一个民族的传统服装，更与现代服饰在制式风格上有着质的不同。

汉族服饰之所以博大精深，

是因为其历史悠久，应用地域广泛，并在不断地创新与融合中发展演变，因此对中国服饰研究较少的人难以把握，而作为一个大的服饰体系，汉服不能仅以表象和简单的制式来界定，而应以其主导风格为界定标准。

汉服具有民族性，即汉服是汉民族的服饰。而中国古代胡人所穿的服装不能称为汉服。民族是个整体的概念，所以一个汉族人所穿的胡人的服装，也不能称其为汉族的传统服饰。

汉服的统一性表现在从黄帝时期到宋明，在中国广袤的土地上，有历时几千年的时间跨度和数百万平方千米的空间广度，所有汉族人的服饰在其主流中拥有共同特点，即以右衽、大袖、深衣为典型代表。

服饰发展的自然性，是一个民族传统服装传承的基础，即某一事物或文化，在其自身正常的发展轨迹之下的演变方向。可以通过一般的规律，向前追溯其源头，也可以向后预测其发展方向。

在此界定下，中国古代，除清装外，只要是明末以前的汉人所穿的服装，不论样式、地域、融合、分化、发展，都可称为汉服。而在现代，只要是依照传统形制合理改进，也可以称为汉服。

汉服用肉眼是很容易将其与其

汉服

他民族的传统服装区分开的。

清朝的服饰源于满族的服饰，非汉服传统。所以虽然是汉人所穿，但不符合汉族传统服饰的“传统性”要素，所以不能划入汉服范畴。而今天汉人所穿的服装，其源流主要是来自西方，“唐装”、马褂、旗袍等主要源流来自满族的传统服装，所以不能称为汉族的“传统服装”。

蓑衣

◆衣料的早期足迹

少数民族服饰不但形制丰富，而且色彩也斑斓缤纷。构成这些丰富、斑斓缤纷的衣饰的，既有棉布、丝绸、化纤，也有皮革、毛呢。

许多少数民族衣饰的用料是我们所不知道甚至想象不到的。而通过那些难以想象的少数民族衣饰的质料，我们可以清楚地看到人类衣料的早期足迹。

用草作衣在云南的少数民族地区并不少见，一般是用山草或稻草编成蓑衣，有挡雨及御寒用的，也有用于穿着的。

云南民族学院于1988年在文山州彝族地区征集到一件草衣，其用稻草编成，工艺粗糙，形制古朴，穿上之后犹如稻田中赶鸟的稻草人。至于前面已经提到的火草衣、火草领褂，已属彝族服饰中的精品了。可见，草这一种得来十分容易的自然物，定是人类早期的衣料之一。

中国古籍中，早就有关于少数民族以树叶树皮为衣的记载。如唐樊绰《云南志》说当时的踝形蛮“无衣服，惟取木皮以蔽形”。

在清代，像云南的基诺、景颇、独龙等民族，以树叶、树皮为衣的现象还是比较普遍的。

据20世纪50年代初的民族调查材料，云南佤族以棕皮为衣；拉枯族支系苦聪人用芭蕉叶和椰树皮做衣；西双版纳傣族用箭毒木树皮缝制衣服；勐腊县的克木人，到20世纪50年代中还普遍流行树皮衣。

综观上面的简略引述可知，用树叶、树皮为衣是人类历史上的事实。

随着生产技术的进步，树皮布开始创制和生产。其中，云南克木人穿着的树皮衣取自构树。

构树又叫构皮树，桑科，落叶乔木，高可达十五六米，在云南山野有大量生长。构树叶呈卵形，有缺裂，较肥大，披硬毛，可以互相沾连成片，构树皮由韧性极强的长纤维组成，是造棉纸和搓制绳索的好材料。

克木人从构树干上削取一米多长的树皮，在水里浸泡二十天左右，取出用木棒捶打，洗去灰黑色外皮，便成结实坚韧的衣服料子，这就是在制造树皮布。与此相似，过去的基诺人还采割纤维树皮作垫絮被盖，用这种纤维树皮捶制的“木棉被”，纤维交错，坚韧耐用。

苦聪人的树皮布用藤葛制成。他们把粗大的藤葛砍来剥下皮，泡在水里捶打，晒干后就可以做成衣服，可穿几个月或半年。

在中国古代，以兽皮为衣也早于以丝麻为衣。

唐代樊绰的《云南志》记载：寻传蛮“俗无丝棉布帛，披波罗皮，指虎皮”；东爨乌蛮“土多牛马，无布帛，男女悉披牛羊皮”；施蛮“男女终身并跣足，披牛羊皮”；么些蛮“男女皆披羊皮”。

现在云南少数民族兽皮衣的实际情形，和樊绰千年前的记述大体一致，彝族和纳西族服饰至今仍然离不开羊皮。

在北方，衣兽畜之皮就更为普遍，除已经提到过的鄂伦春族和蒙古族外，鄂温克族常穿大长毛衣，这种大衣由七八张羊皮做成，皮板朝外，羊毛朝里，耐用大方。

撒拉族男子冬天穿光板羊皮袄。在西南地区，羌族男子喜欢在麻布长衫外套一件羊皮背心，晴天毛向内，雨天毛向外。

赫哲族历来以鞣制鱼皮衣著称，故被称为“鱼皮部”。每逢春天，江河解冻，赫哲人就忙着捕捞几十斤甚至上百斤的大鱼制鱼皮。

妇女用野花把鱼皮、鱼皮线染成各种鲜艳的颜色，精巧地缝制服装和手套、腰带、围裙、绑腿等。

鱼皮具有耐磨、保暖不透水、不挂霜的特点，冬季穿鱼皮服装打猎、春季穿鱼皮服装捕鱼，都非常适用。

生活在西北高原，以畜牧为业的裕固族，其服饰取自牲畜皮毛。

他们的衣、裤、大氅几乎都是用光板羊皮缝制的，厚重宽大，在袖口、衣领、衣襟、下摆等处则用细皮毛镶饰，显得华贵。他们脚穿高筒皮靴，显出一副不畏风雪严寒的刚劲气概。

当纺织的技艺发展起来后，人们逐渐用纺织品代替一些天然产品作为衣料。在这些纺织品中，值得一提的是麻布和木棉布。麻布在中国南方少数民族中使用的历史已经相当长久。

虽然用木棉织布不像麻那样普遍，但也是历史上存在过的事实。

《华阳国志·南中志》说：哀牢夷“有梧桐木，其华柔如丝，民绩以为布，幅广五尺以还，洁白不受污，俗名曰桐华布。以覆亡人，然后服之及卖与人”。

桐毕布即木棉布，它是少数民族地区的高级产品。唐代，云南居民用木棉作衣是很普遍的。宋代，云南少数民族生产的木棉布还远销内地。

现在，云南某些地区的彝族、傈僳族和怒族、独龙族、苗族等还穿麻布衣。其中，贡山怒族妇女的上衣是右衽麻布衫，裙子也用麻线织成。

怒族妇女的麻布裙其实是一床麻毯，白天作裙，夜间作铺盖。

色彩斑斓

怒族麻毯为白底，织有红、黑、蓝色竖条，作为裙子时，彩条向下，很有特色。

独龙族男子在身上披一块麻布，对角交错在胸前打结，下身穿麻布裤。

苗家妇女更离不开麻布，织

麻是苗族妇女不可缺少的手工劳动，她们漂亮的花裙子就是用麻制的。

从种麻到缝成裙子，要经过三十多道工序。麻棵长成，就割倒绑成捆暴晒，待麻皮发黄，撕成线条，然后捻成线团，再用灶灰水煮沸，多次漂洗使之雪白，晾干后便可织成麻布。做成百褶裙后，还要绣上鲜花、云彩、鸟兽、鱼虫。

海南岛的黎族现在虽然不再穿“桐华布”，仍有着把木棉织成精美华丽的“黎锦”“黎单”“黎幕”的技艺，其中的“双面绣”有巧夺天工之美，远近驰名。

◆辫发凉帽与“十八镶滚”

庚子之变虽然促使清政府从政治上进行了些许改良，但服饰方面依然固守其旧，其中以男人辫发和官吏的顶戴花翎最为典型。

男子常服的主要形制是长袍、马褂、马甲。官吏、士庶所戴帽子主要是六合统一帽，民间俗称“瓜皮帽”。

长袍满汉皆着，而马褂系满清特色，长不过腰，袖仅掩肘，袖口平齐宽大。因其衣短袖短便于骑马，故得名“马褂”，多为有身份男子的礼服、常服。

马甲，亦称“坎肩”或“背心”，男女皆着。马甲的门襟有大襟、对襟、琵琶襟，还有一种正胸扣十三粒纽扣的马甲，称“巴图鲁坎肩”，满语为勇士坎肩。到清末，成为普遍外穿的衣着，其镶边滚边和刺绣工艺甚为考究。

与男子不同，清代汉族女子因为“男从女不从”的规定，保持本民族服装形制。

随着时间的推移，满汉妇女的服装样式、装饰及审美趣味渐渐相近、相融，形成很有特色的清汉女装。

清汉女装早已脱离明代样式，吸收了满族女装的元素，大多为上衣下裳或上衣下裤式。上身穿袄、衫，通常为右衽大襟，长至齐膝或膝下，宽袖而衣身左右开衩，“务尚宽博，袖广至一尺有余”。

诗礼人家女子从早到晚，务必着裙，颜色以红为贵，孀妇则黑裙，多以丝织品为材料。裙子系在上衣内，裙门无褶，称作“马面”，可绣饰各种花鸟鱼虫纹样。清末妇女也有穿裤口宽大的洒脚长裤，用色彩长汗巾在腰间系扎，垂露衣外，以此为装饰。

20世纪初还流行过一种高立领，领高至双耳，遮住面腮，这种呈蚌壳式的衣领，又称元宝领或被人揶揄“朝天马蹄袖”。

满族妇女多穿本民族传统服装——长袍，亦称“旗装”。衣袖较清汉女装窄，袖口平而宽。通常在袍外穿马甲，领口、衣襟及袖端多有镶滚、刺绣、花边等，相当华丽。

满族女装最有特色的是一“头”一“脚”。头上时兴梳两把头，上饰扁方，又叫旗头，黑色扁方上常用大朵绒花装饰，在晚清发展成高大的“大拉翅”。满族妇女穿花盆底鞋或马蹄底木质高底缎面绣花鞋。

清末女装重装饰，促使刺绣、镶滚等缝纫技艺发展至顶峰，接近欧洲洛可可纤细、华丽、繁缛的风格。清末，为了更大面积地装饰，女装衣缘越来越阔，花边镶滚愈滚愈多，从三镶三滚、五镶五滚甚至发展到“十八镶滚”。

◆中山装与旗袍

20世纪20年代，国人的穿戴日趋开放，未免华洋杂处。男子的长袍马褂瓜皮帽洒鞋、女子的上袄下裙梳髻有之；男子西装革履油头粉面，女子西式套裙开衫烫发亦有之。

十八镶滚

西服愈来愈普及，社会上层的中青年男性以穿西装为时尚，媳妇在20世纪20年代后期益盛，男子社交场合必穿全套的西服。

长衫、马褂或马甲依旧是国人常服，中老年人在家穿长袍，有时套一件小坎肩，出客添换马褂以示郑重，脚上仍是布袜、布鞋。

而新派知识分子，尤其是青年学生，虽然对西方服饰有好感，但是终因自己的民族情结和穿着习惯，保持了五四运动时期的穿法。此外，学生装也是青年学生的主要服饰。

20世纪20年代后期出现的中山装值得在此重书一笔，其为中国现代服装史上成功的民族化男装，是最具政治色彩和进步特色的服装样式，并伴随着中国政治历史的起伏跌宕而出现在各个时期。

中山装轮廓周正、结构合理、线条分明、功能性强，具有严肃、庄重、朴实的美感，在合乎国民的传统审美习惯的同时结合了国际现代服装的审美形式与工艺。

汉族女子历来是“三绺梳头，两截穿衣”的，不过到了20世纪20年代，上下联属的旗袍却风行开来，且被民国赋予了平权的意义。

1929年，国民政府制定的《服制条例》明文，女子礼服分袄裙和旗袍，旗袍被确立为中国女性之“国服”。

早期旗袍的形制仍具初始特征：宽肥、平直，正如张爱玲所指的“严冷方正”，皆为长及脚踝，平直，合身有余，袖为倒大袖，及小臂中部。衣裾多用丝辫沿边，有的则用刺绣饰边，领子装饰一道至三道丝绦。

有些女性还常常在袍内穿裤。还有一种无襟、无袖、须套穿的“旗袍马甲”，套穿时里面要衬穿一件短袄。

女子的上衣较以前短小，大多齐腰，最长及臀。有对襟、斜襟之分，一般用盘花布纽扣，也有用西式金属纽扣或金属字母暗扣的。下摆有直线形和半圆形两种。

清末的“元宝领”已逐渐淘汰，取而代之的是小立领或无领；袖子一般宽且短，即倒大袖。裙子是下摆宽大、比较潇洒自由的宽褶裙。

在开放的城市里，高跟鞋逐渐被接受。在国内制作加工的高跟鞋，模仿西方样式，有皮面、缎面，布面的，甚至还有复古绣花面的。

◆改良旗袍与月份牌画

20世纪30年代始，旗袍已成为中国都市女性的重要服装，形成具有海派文化特点的民国典型服饰形象。

1930年的旗袍长及膝盖，腰

身收小，下摆收拢。1931 年，短旗袍兴盛，整体造型紧窄合体，腰部有较明显的曲线。

1932 年后，旗袍下摆加长，及脚踝或腓下部，穿高跟鞋方可行走。袍身加长对旗袍的现代转型有着十分重要的作用，修长旗袍使下摆开衩成为必要，开衩旗袍也成了现代改良旗袍的重要标志。

1933 年始，旗袍从低衩或无衩变成高衩。当时的明星常穿高衩旗袍出入交际场，遂成流行。

1932 年后，旗袍流行花边装饰，凡衣缘处必镶之，使旗袍更显妩媚。1935 年后，又有人提倡低衩旗袍，故旗袍开衩趋小，依旧长度及地，完全盖住双脚，时人揶揄“扫地旗袍”。

长旗袍因不实用，复回到利于行走之长度。作家曹聚仁说：“一部旗袍史，离不开长了短，短了长，

民国旗袍

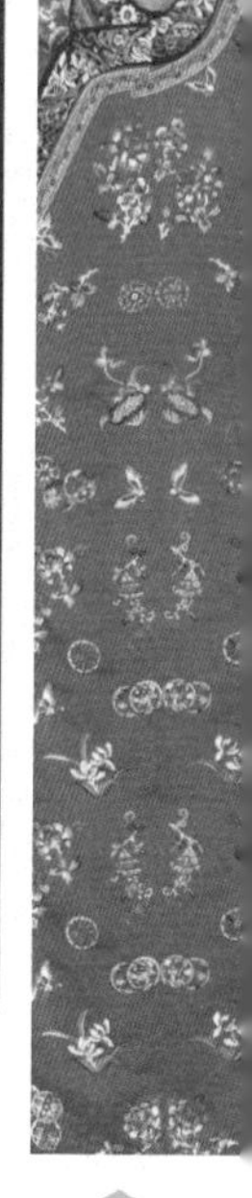

长了又短，这张伸缩表也和交易所的统计图相去不远。”

若说这个时期的中国“美术者”在商品广告画上的成就，那莫过于家喻户晓的月份牌广告画。

月份牌广告画以应时的美女和时装为主要题材，在传递商品和时尚信息方面功不可没。

月份牌广告画风靡了那个年代，是对当时上海滩的民众生活、时髦心理最准确、最典型的历史写照。

1937年后，旗袍的袖长更是缩至肩下两寸，几近无袖，形成史无前例之特色。传统的中式长裙日渐式微，年轻的时髦女子穿着旗袍和袄裤。

这时的袄裤也与前不同，裤子开始采用西式裁剪方式制作，肩、胸、袖的裁剪都较为称身合体，自腰以下逐渐放松，显得随意。此外，西式服装也是大都市女性喜爱的，在上海等大都市里也时兴西式衣裙。

月份牌

◆妖娆多彩的民族服饰演变

从实用的角度讲，裤子是比裙子还重要的下装。虽然从形式多样的角度看，裤子好像比不上裙子，不像裙子那样多姿多彩，鲜艳夺目，裤子也有不同的式样和色调。不同的民族所穿用的裤子大不相同。中国四川、云南、贵州一带的彝族就是如此。

彝族男子所穿的裤子因地区和支系的不同而式样各异。总的来看，可以分为大、中、小三种类型。四川、贵州和云南的彝族男子穿“大裤脚”的肥大长裤。这种裤子多褶宽大，两脚并排站立时犹如穿着裙子，裤脚缝有镶边。

彝族称之为“中裤脚”的均匀裤，大小适中，上下均匀。以黑、蓝色为多。此外，还有叫“小裤脚”

彝族裤装

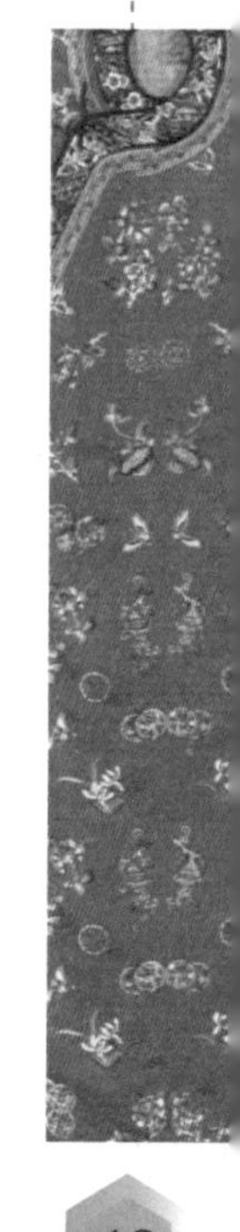

的瘦小裤，又短又小，几近于“半截裤”。

如果说彝族男子的长裤以式样繁多、肥瘦不一著称，那么一些不穿裙子的彝族支系妇女，就以自己所穿的肥裤的色彩和图案闻名。

红河上游元江南岸的彝族妇女穿右衽宽长上衣和肥裤，衣裤都镶有鲜艳的花边，上下形成自然对称花纹，色彩协调，十分引人注目。金、红、紫、绿等颜色的花纹图案，把彝族妇女打扮得五彩缤纷。

对此还有一个传说。很早以前，彝族妇女也和哈尼族、瑶族妇女一样，穿的是黑、蓝色衣裤。

那时，红河县宝华有一个十分能干美丽的姑娘，爱上了一个勤劳勇敢的青年，可姑娘的爹妈却又要把姑娘嫁给一个富人的儿子。

聪明的姑娘在赶制嫁衣的时候把衣裤镶上了花边，绣上各种美丽的图案。到富人家来抢亲的那一天，她把伙伴们约在一起，一起穿上镶花边的衣裤，又在额前披上“刘海”。抢亲人在花花绿绿的人群中认不出哪一个是新娘，只好扫兴而归。

从此，彝族姑娘穿上了鲜艳的镶花边衣裤。镶花边的长衣肥裤成了她们追求美满婚姻的象征。

与彝族的情况相似，云南哈尼族所穿着的裤子也有三种不同的形式。当然，彝族三种裤子的区分主要在于肥瘦，因而区分出“大裤脚”“中裤脚”和“小裤脚”。

哈尼族裤子的不同主要在于长度，分为长裤、半截裤和短裤。哈尼族各个支系的男子及红河地区的哈尼族妇女下身穿长裤。

平时穿的长裤多系黑、蓝色。盛装时穿的的裤脚还镶有花边。

墨江一带的哈尼族妇女穿的是不长不短的半截裤，长及膝盖，多用自织自染的土布缝制，多为蓝、黑色。哀牢山南段红河县浪堤乡和大羊街乡一带的哈尼族叶车妇女下穿紧身短裤，无裤脚，近似游泳裤。

叶车姑娘的短裤十分考究，用靛青小土布亲手精心制作而成。短裤分两种，即“拉八”和“拉朗”。两种短裤裤腰处前后钉有四股绳绳带，以此为裤带。

◆多样的服饰材料与加工方法

山西人的服饰材料主要以棉、毛、皮、丝、绸、麻为主。这些材料大都自制自用。

晋北属高寒地区，一般民众既为御寒、又为方便，多以羊毛、羊皮为服装原料。羊皮以羔皮为上乘，因为羔皮毛细软而密韧。

晋北各县都有皮匠或村中巧妇，将羊皮缝制成皮袄、皮帽、皮手套、坎肩、背心，并将边角料制成棉鞋衬里、坐垫、护套。

白羊皮袄在过去叫白茬子皮袄，御风保暖，是晋北人赶脚行路时离不开的家常服。

进入冬季农闲时节，乡村土屋中炉火红红，乡亲装一团毛线围坐在一起话家常，纺毛线。砣轮飞转，线长话热，团团羊毛变成团团白线。毛线经浆、洗、染后，编织成毛衣、毛裤、背心、手套、脖套、围巾等，作为春秋服装，是比较时髦的打扮。

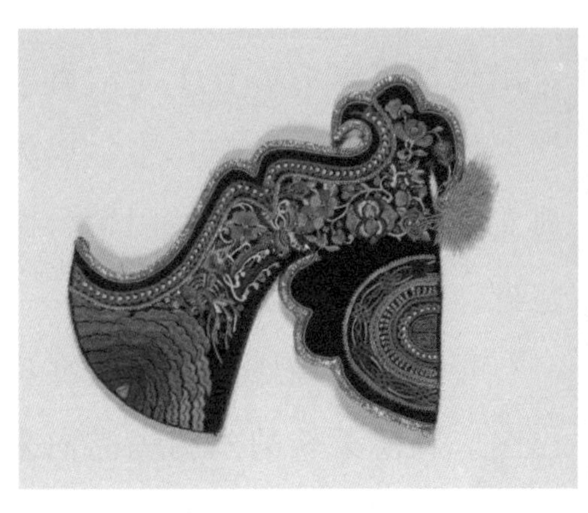

彝族鸡冠帽

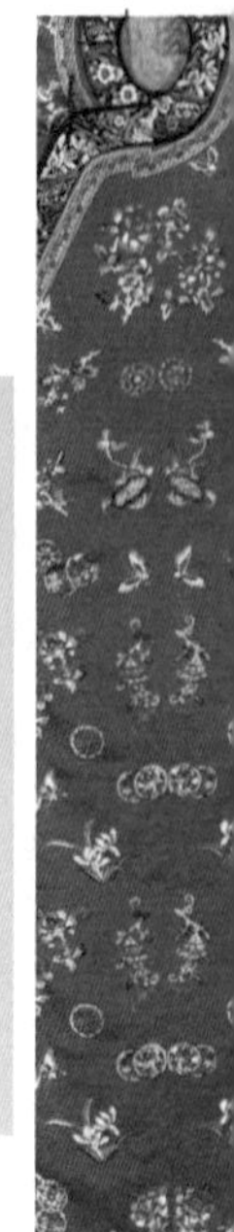

晋北人常在晋北、晋西北的一些高寒地区种植胡麻，麻籽是食用油的原料，麻皮常被一些乡民加工后，纺织成麻料。现在的亚麻服装，就是以胡麻麻皮为原料制成的。

晋南、晋中是产棉区，棉布大多由农家纺织，既省钱又耐用，穿着又舒服又随和。在晋南地区，纺织土布几乎是每家每户的小手工业。

到农闲时，村姑巧妇盘坐在草垫子上，放一笸箩棉花，轻拈慢拉，在吱吱嗡嗡的纺车声中，如春蚕吐丝，蜘蛛架网，纺出缕缕白纱，浆染处理后推经抽纬，织出挺括绵软的各样土布；有些还要镂版印花、晕蜡扎染，成为典雅漂亮的印花布，做门帘、做包袱，煞是好看。

晋东南一些地方以养蚕缫丝出名。轻薄柔软的丝绸织品向来为富贵人家所用，一般民众则视其为奢侈品，极少穿用。

民间或用在为新生孩童祝福；为年逾花甲者祝寿；或在新婚大礼之彩服上描龙绣凤。其质料考究，尤多用于鞋帽、披肩、兜肚等装饰物上。

过去乡里风俗以针黹技巧来衡量女人们的本事。所以女孩从懂事起便在家里跟着母亲学女红，俗称为“做针线”。

姑娘媳妇的贴身用具除梳妆用品外，便是一套针黹用具，如顶针、锥子、大小套针、粉钱袋，绣工精巧的针套，以及裁刀、剪刀、彩线、直尺等，放在一个或草编，或布贴成，或纸裱的“针线笸箩”里。

农民服装的缝制工作大多由家庭主妇来承担。过去没有缝纫机，因此一家老小，一年四季棉的、夹的、单的，裁新的、补旧的，占据了主妇全部的精力。

过冬棉衣是主妇的大工程。

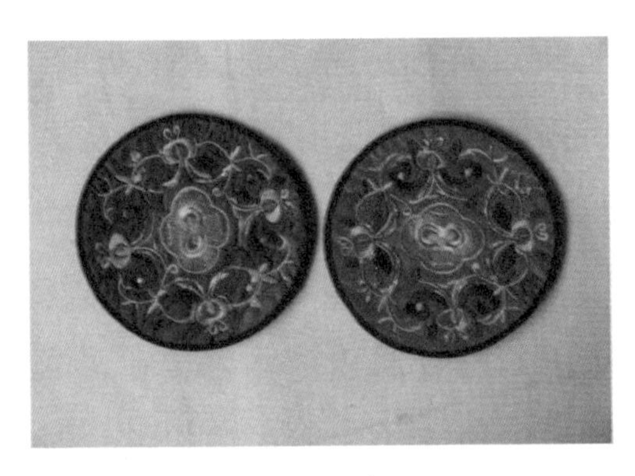

丝绸织品

她们把棉花一片片撕好摊平，絮在布面上缝好后再翻里面。特别令人叹服的是扣结的制作，用缝制的布带经过细心的编、抽、拉等工艺编结成桃形、蝶形、如意等造型，缝接在衣服上，是典型的汉族服饰标志。

由这一简单的扣结进而发展到各种镜饰挂穗、兵器装饰，以及各种佩物穗带的编结造型，创造了一个丰富多彩、巧夺天工，为世界人民所称奇的“中国结”艺术。

◆中国少数民族的鞋文化

中国少数民族繁衍生息在祖国的大江南北，从冰封雪冻的长白山到亚热带气候的南疆，各族先人在与大自然的搏斗中，为了保护自己、美化生活，掌握了就地取材做鞋制靴的生存技巧，大大推动了文明的进程。

各民族运用动物革皮、植物草木和手工织品等独特的材料，创造出绮丽、色彩斑斓的中华鞋文化，每双鞋凝聚着该民族的聪明才智，体现了民族风情与审美意识。

东北、西北少数民族在原始社会以狩猎为主，“食其肉，衣其皮”，拥有大量的动物皮革资源。位于中国西域地区的少数民族，早在四千年前就擅长用革制鞋，到了春秋战国时代，少数民族用革皮制鞋的工艺才由赵国武灵王引进到中原,汉族始穿革靴。

至今中国西部、西北部，东北部的蒙古族、藏族、维吾尔族、乌孜别克族、锡伯族、鄂伦春族等 16 个少数民族仍旧以动物的革皮作为制鞋的主要材料。

鄂伦春族和鄂温克族习惯用狍子皮制鞋,在鞋面上装饰小鹿、小熊及花卉图案，纹样简洁。

革靴不仅陪伴他们一生，死后，穿过的革靴还要放入棺材陪葬。达斡尔族喜欢穿着称为“奇卡米”的革靴,一般用捕获的灰鼠、猞猁的皮制鞋，并绣上各种几何图案，显得美观轻巧。

乌孜别克族穿的“艾特哥”靴子用羊皮制成，轻便暖和。革靴与锡伯族的礼俗密切相关，锡伯族用红、蓝、绿等有色皮革作鞋面，并在鞋面刺绣花卉，每逢大年三十，人们都把靴子挂到外面直到初二才收回，俗称“喜利妈妈”，意寓喜庆吉利。

俄罗斯族穿着的“玉带克”革靴用马皮制作，而名贵的鞋使用染成红色的野马皮制作。赫哲族历来从事渔猎，人们用熟好的怀头鱼、哲罗鱼和狗鱼的鱼皮，制成鱼皮靴，鞋筒一般高 30 厘米，靴内填草后，用鱼皮条捆扎在小腿上，既耐寒又舒适。

连裤鞋

藏族的筒靴多采用马皮或牦牛皮制作，硬底软帮，靴筒内衬羊毛纺织的氆氇，筒后部有10厘米长的开口以利穿脱，款式大方，舒适美观，呈现古朴粗犷之美。

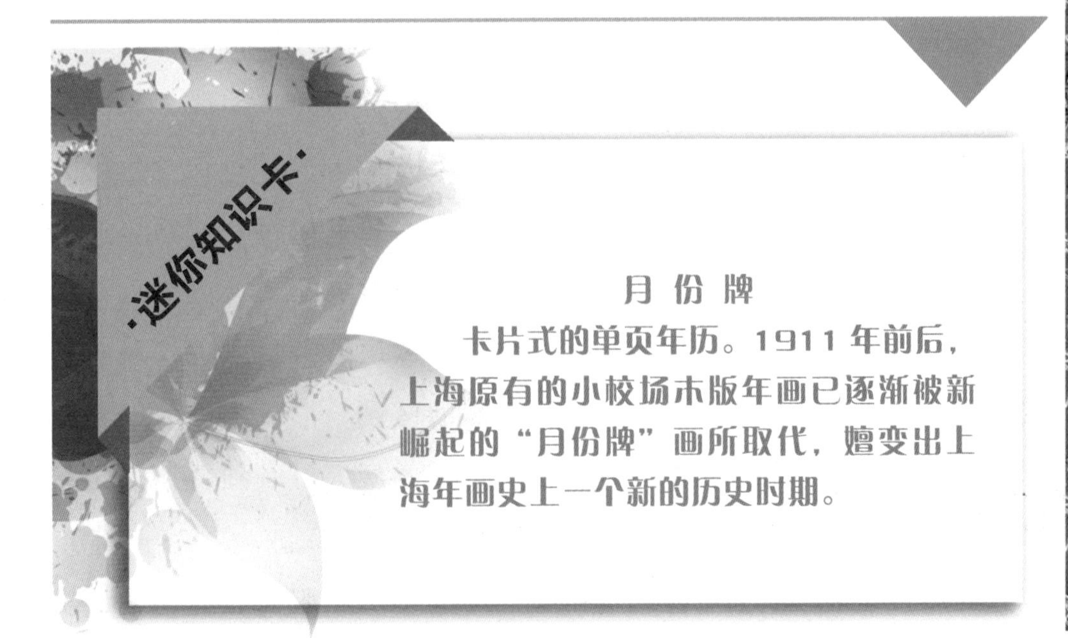

月份牌

卡片式的单页年历。1911年前后，上海原有的小校场木版年画已逐渐被新崛起的“月份牌”画所取代，嬗变出上海年画史上一个新的历史时期。

第二章

民间服饰是服饰文化的一朵奇葩

中国是个统一的多民族国家，56个民族的服饰绚丽多彩，犹如56朵奇葩绽放在服饰的百花园里。

◆屯堡汉族服饰

贵州聚居着一个特殊的汉族群体——屯堡汉族。他们是明洪武十四年因“太祖平滇”而“调北征南”进入云贵的明军及其后裔，以及此后为稳定和繁荣边疆而“调北填南”的江南子弟及其后裔。

600多年来，屯堡人固守明代江南的习俗，保持着明代的装束，江淮的古风，形成了独特的汉族文化区。

在语言、服饰、建筑、习俗和一些节日文化上，屯堡人与周边的少数民族甚至其他汉族有着迥然的区别，形成了今天的屯堡村落和屯堡人以及独特而又罕见的“屯堡文化”。

屯堡汉族服饰以蓝为主，不

民族服饰

用红、黄，一方面因为红、黄是皇家颜色，不能随意使用，另一方面，他们认为红、黄过于招摇、不符合伦理道德。

屯堡服饰没有平日常装和盛装之分，服饰的变化主要用于区别是否结婚、是否已有儿媳，而这种区别仅仅体现在发式、头帕及花边上。

受儒家思想影响，屯堡服饰比苗族服饰更多地承载了伦理道德，以简洁实用的款式和蓝、青色调来追求庄重、朴实。

就算是屯堡服饰胸前形似蝴蝶的“尔吉”纹，也仅仅是吉祥的一种象征，而并非蝴蝶或其他着青裙动植物的变形。

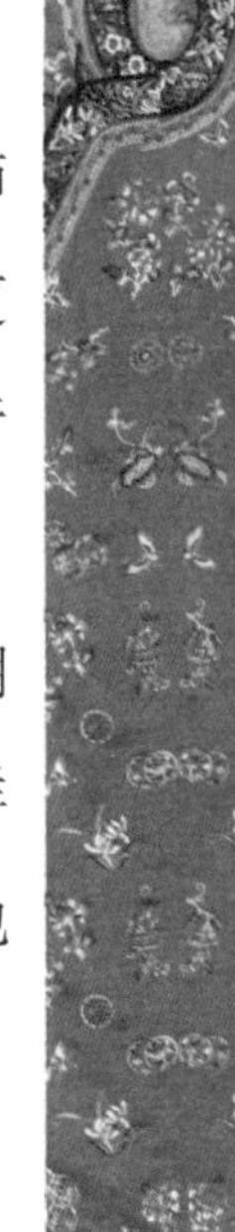

◆江南水乡服饰

生活在苏州以东吴县角直、胜浦、唯亭、陈墓一带的农村妇女，依然穿着传统民族服饰。她们历来梳愿摄头、扎包头巾，穿拼接衫、拼裆裤、束倔裙、裹卷膀、着绣花鞋，颇具江南水乡特色，故有“苏州少数民族”美称。

水乡妇女很重视愿摄头的梳理和装饰，她们乌黑的头发、硕大的发留、众多的饰品，辅以精美的包头内和服饰，显示出自己的心灵手巧和端庄秀美。

其服饰的地方特色非常浓郁，传承性强，随着季节的变化，年龄的差异和礼仪的需要而有明显的差别，其中春秋季节服饰的特点尤为突出。

春秋季服饰上装以拼接衫为主，多以花布、土布、深浅士林布为主要面料，色彩对比鲜明，鲜而不艳、艳而不俗，常用几种色彩的面料拼接而成，剪裁得体，缝工精细，装饰性很强，它的特点也是通过服装的装饰工艺体现的，有拼接、滚边、纽攀、带饰、绣花等。

水乡服饰

裤子多用蓝地白印花布或白地蓝印花布，裤裆用蓝或黑色士林布拼接。

这些服饰最初由于受布幅的限制和省料而拼接，拼接时由实现实际需要的拼接发展到主观意识的拼接，无不讲究整齐均衡和对称的形式美。

腰部的髑裙也很有特色，长度齐膝，裙搁极细，搁面和裙带上均有不同工艺的花饰，裙外面系上一条小穿腰。穿腰是与蹋裙相连的辅件。

上面缝着一个大口袋，穿腰四周及带上绣着各种图案的花纹，是服饰中的重要装饰物。裙的设计是很实用的，劳动时束了倔裙，腰背不易受风寒，站立时又能增加腰部的力量。

裙下摆较大，不影响行动，既有利于水田操作，又方便于野外小解遮盖，实用且美观。

此外，水乡地区鞋的特色也很浓。鞋的形式颇似小船，不分左右，故又称船形绣花鞋，鞋帮两剑合成，鞋面以绣花为主，色彩鲜艳，花样丰富多彩。船鞋的做工精细，坚固，实惠，是水乡妇女传统的礼鞋。

随着年岁的大小，水乡妇女有着不同的着装要求，青年妇女以花哨为主，利用服饰上的有限空间，巧妙地运用色彩对比、衬托、交错的手法，恰到好处地突出了水乡妇女的人体美和装饰美，给人轻盈洒脱之感。而中老年妇女则以深色调为主，服饰庄重、沉稳，穿着要求的舒展宽大，故给人古朴持重之感。

◆潮汕服饰

木屐流行到潮汕的时间在春秋时期。当时的中原已经流行木屐了。

木屐一般用苦楝树、樟树等

木料制成，初以棕绳儿为耳，不分左右足，俗称棕屐，基本上保持隋唐原型。后来出现蜂腰屐，造型才开始有左右之分。在蜂腰屐板刷上油漆，再画上一些花卉图案，十分美观。除夕夜，人人必须穿上一双新木屐；嫁新娘则必须制一双红油漆新娘屐随嫁。

春秋时代，晋献公的儿子重耳为避后母的陷害，由介子推等大臣陪同流亡国外。流亡途中受尽屈辱，吃尽苦头。

一天，重耳饿晕在地。介子推为了救重耳，从自己腿上割下一块肉煮给他吃。重耳十分感激，表示日后即位，必定重谢。

19年后，重耳结束了流亡生活，于公元前636年在秦穆公的帮助下回国即位，成为晋文公。

晋文公执政后，对有功之臣大加封赏，唯独忘了介子推。介子推不愿争功，便和母亲隐居绵山中。晋文公知道后，非常后悔，亲自上山寻找，但介子推避而不出。

晋文公便下令三面烧山，只留下一面出口，逼他出山。大火烧了三天，也不见介子推。经过寻找，才发现介子推背着母亲靠在一棵被烧焦的柳树下死去了。为纪念介子推，晋文公令木匠将这柳树锯下一截，做了一双木屐，每天对着木屐尊称一声“足下”。

水布，也叫做浴布、头布等。

潮汕

长约2米，宽约80厘米，织印有红、青、蓝各种颜色的大小方格，是潮汕农村男子随身携带的宝贝。外出时束于腰间，十分精神豪壮。劳动时用以擦汗；暑天树下纳凉可席地而坐卧；下河洗澡时则作围腰浴巾；冬天围于头颈可以御寒；还可遮阳、挡雨、打包袱、作肩垫，用途十分广泛。

潮汕妇女婚后即松辫盘发髻，称为“打髼”。髼型多种多样，较为普遍的髼型是八字髼，最为典型的是梳成大泡头。中老年妇女常梳的发型是企髼、盘髼、盘髼俗称龟髼。

过去，戴耳环首饰，也是妇女的服饰中不可缺少的一部分。女孩子在六七岁时就要穿耳洞：先用手指在耳坠按摩片刻，直到耳坠发热变麻，即用炉里烧红的针穿刺。刺穿的耳孔用红线在两边上结，再用一段草茎子插在中间，几天之后等耳孔结痂即可戴耳环。耳环有两种：一种是环式，一种是耳坠式。

另外，妇女还要戴金、银、玉手镯、戒指及脚环。有的妇女终生戴玉手镯、银脚环。除增添美观，显示身份外，据说还有消灾祛祸的作用。

葵笠即竹笠，是潮汕劳动群众普遍使用的雨具，均以竹篾、箭竹叶为原料编织而成。有尖顶、圆顶通帽等款式。

精工的用竹青细篾，加藤片扎顶滚边，竹叶之上夹一层油纸，笠面加涂熟桐油而成。有的竹笠上面还绘上花卉图案或者写上书法，更具工艺价值。

◆岭南佛山服饰

清代时，男子不盘发而扎长辫，下垂于身后，头戴冠。

除旗装外，富贵人家多是锦

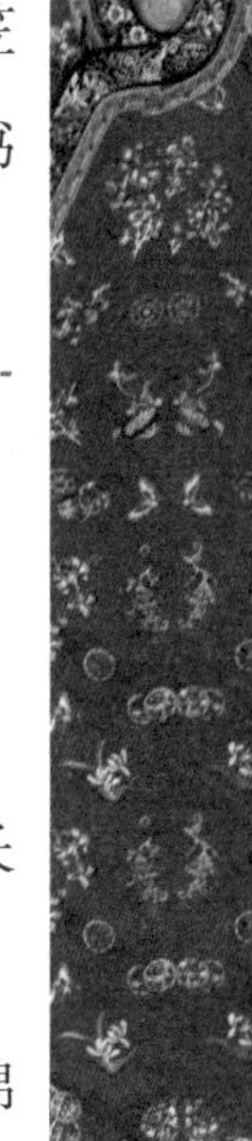

绣衣裙、披肩霞帔、棉袄、百褶裙等；一般妇女多是大衿衫裤或镶边，少女则穿细衫。

在清代中叶时，服装原料多用绫、罗、绸、绉、缎、绢、刺绣和京青麻、葛等布，用纱、绸、薯莨、土布等制成服装。当时的衫纽，多用铜制的花身、光身等大小不一的铜纽。这种服饰至民国初才消失。

民国年代，由于有洋布、洋纱、绒料侵入市场，因而当时服装有中山装、西装（洋服）、军装、警服、民间服装等类型。

当时男子普遍所着多是中山装、洋服、绒大娄、绒中娄、棉衲、长棉袍、棉套裤、绉纱、软缎、天然绸、礼服绒等长衫和马褂，丝织的点梅纱、云纱、官纱、白绸、黑胶绸、茨莨、竹纱、大成蓝、礼服绒各式土布等短衫裤。

但男服曾一度着过左衿的大衿衫。妇女们服装，多以纱、绸、绉、缎、大成蓝、土洋布等做大衿衫裤，并以绸、缎绣制成长裙。此外还有针织内衣与领带恤衫、手套等。

清代后叶有红缨帽、软缎圆形枣顶硬身礼帽。

民国时期有软缎尖形枣顶软

木屐

身礼帽、布造孩童的狮头帽。此外还有毡帽、绒或布鸭舌帽，水松木通帽、草帽、遮太阳白纱凉帽、竹帽等。

清代先后有布袜、棉纱袜。民国时期有针织黑、白洋纱袜和手套。

民国时有西装鞋、皮鞋、布或绒面的圆头鞋、猪鼻云鞋、双梁鞋、尖头高跟皮鞋，孩童绣花鞋、橡胶鞋、橡胶水鞋、明胶鞋、利便鞋、皮拖鞋、串珠拖鞋、妇女的绣花鞋，含扎脚鞋等。

清代先后有高低大小棕面木屐、棉布带白身木屐。孩童的皮制猪仔屐。民国时有皮带白身屐，添皮带漆黑木屐和黑漆底绘有花鸟图案的木屐。

清代民国有玉钏、金、银玉的戒指，镜、银、珠项链；钻石戒指、珍珠和金手链、金钏、金银珠玉的钗、簪、耳环、额云、衫纽等首饰。此外还有男子的金陀表金链。

清代先后有妇人的圆髻、扁髻、高髻、盘龙髻、马鞍髻；未婚少女则梳留茌大松辫或双辫，男女小孩则扎羊角髻或鼓架髻、成人则留长辫。男子则拖长辫，头上额后剃光近半。

民国时男子剪辫后，发型有剃光、剪光、或平头装、军装、西装等。

民初妇女仍留长辫和髻。1938 年以后妇女们多剪辫髻而趋时髦，入理发店理发、卷发、电发求装饰。

民国时有桃、杏、梅花、蝴蝶等布纽和洋鸭舌纽、牛骨的黑、白纽。现代多用各色的塑料纽。

◆梅县客家人的服饰

客家人的衣着穿戴，包括衣服、鞋、帽、裙、帕、首饰和雨具等。

其古时衣着皆为汉唐服制遗风，比较古朴、大方，偏宽偏长，色偏深，多为黑、蓝、灰色，夏季用苎麻纺织的白布，富家用白绸缎。

一般人家，男女服装无多大区别，上衣是“大襟衫”，右边斜下开襟，安布纽扣，讲究的用铜纽，女服只在襟边加讲究的绣花边，以示男女之别。衣服袖子宽长，袖口宽一尺左右。

男装另一式是“长衫”，俗称“四围齐”，长度以能遮盖“脚眼仁”为准。此衫作礼服用，讲究的外加穿“马褂”，配上小官帽，俗称“榄豉帽”，只在年节或做客时才穿。

男女服装基本无差别，一律宽头大脚，裤腰是用较软的布做的，穿时用纱织布带扎紧，或干脆不用布带，将裤头交叉绞紧反扎于内即可。裤管宽至二尺。一个裤筒穿两条腿也还很宽。如果裁去一截，就像当今流行的“裙裤”。

寒暑服式无多大区别，只是暑天穿薄布、苎麻布，冬天用厚布。

冬春御寒之衣服则统称“寒衣”，一般有“夹袄”“棉袄”“棉背褡”，富裕人家多有皮袄，下身套穿棉制“马裤”。

“马裤”样式古怪，只做两条“腿”，左右各一，互不相连，无裤腰，穿时左右腿各穿一条，上边有一布条，将布带结扎在裤头上即可。

成人衣服色泽多为黑、蓝、灰色。布是自己用棉花麻纺织的，俗称“家机布”。本色白底，用土染料染漂而成各色。染料是上制“靛粉”，也有用“薯莨”“土珠”或“乌臼树”等草木熬水染色的。

小孩在三四岁穿的衣服，多不用纽扣，只用布带扎紧。上身为襟式，下身为“开裆裤”。一般要在六七岁入学前，才制着成人式衣服。

近代以后，受西方机织布冲击，客家人不但衣着用布逐渐改进、服式也随之改装。

改装后的服式五花八门，“古今中外”一齐出现。男装先多穿正襟、七纽、四袋的“唐装”，接着就有“中山装”“西装”；女装也逐渐由偏宽偏长改为窄而短，也有穿正襟式，时髦者穿“旗袍”。

青年男女则多穿“夏威夷”式服装。这是20世纪20至40年代的情况。后因社会的进步，思想的开放，国内外的交流，客家人的衣着亦随“大流”，带有原来特色的东西多已不复存在了。

客家人穿着的布鞋都是自制的。男式叫“阿公鞋”，女式叫“阿婆鞋”，布底，用旧布糊成几十层的“布泊”、布面，普通人家用“家机布”，有钱人家用绸缎。

鞋面颜色多为黑色，宽口船型，不用鞋带，俗称“懒人鞋”。这种鞋在今天仍然流行，只是已换成胶底或塑料底，用机器制成。

客家女

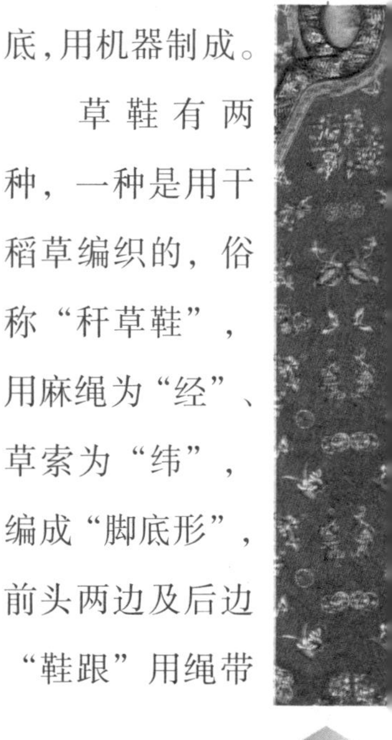

草鞋有两种，一种是用干稻草编织的，俗称“秆草鞋”，用麻绳为“经”、草索为“纬”，编成“脚底形”，前头两边及后边“鞋跟”用绳带

串起即可穿着，制作经济简便，一面穿旧了还可以“反底”再穿。

另一种鞋是“布泊”底，后来改用“车轮胶底”，前头一个“鞋鼻”，左右各两个布“耳”，后边“布跟”都留有“眼”，用苎索扎好后，用布带串起，即可穿着。

现在，上述两种草鞋都已绝迹，被胶鞋、皮鞋所代替。穿胶鞋是近代才兴起的，开始均是南洋进口的“力士鞋”，后来有“回力鞋”“球鞋”等。皮鞋是更后才兴起。

客家人一般对帽子不太讲究，平常戴者少。这可能与客家人多居南方，天气温暖，空气清爽，少风沙有关。

旧时，男的有“小官帽”“风帽”、蒙面式“夜帽”，后来有南洋进口的“狗毡帽”“太阳帽”；女的有“布帽”、羊毛帽，也有人戴“风帽”；小孩的布帽是圆形，前面是虎头形，也有布袋形，一头结扎成“花”。

客家裙有两种，一种是旧时妇女穿的，作为“衣着”的“百褶裙”，布质，长度齐脚跟，后来只齐膝下，“五四”后其定为“学生裙”，至今仍流行。

另一种裙，客家人叫“围裙”，是指“围身裙”。这种“裙子”是妇女用的，按各人胸围尺寸，用布制成。上端呈梯形，下边长方形。上钉一纽袢，扣在上衣头纽上，裙左右各钉上一条特制的“裙带”扎在背上，因为把上身围紧，所以叫“围身裙”。

“围身裙”的作用有多种：一是装饰；二是可遮盖上衣，以免弄脏，亦可起束胸作用；三是可作“头帕”，包扎在头上，当帽子用；四是可作手巾包东西。

旧时客家人的首饰，妇女用物较讲究、多样，主要是头上饰物，古时妇女梳“高髻”、饰物一般有簪子、毛铺、耳扒，富家妇女还有簪花。

一般妇女都戴耳环或耳塞，戴的手镯有纽丝手镯、龙头手镯、蒜芎手镯，多银质，富裕人家有金质的，还有玉石手镯。戴戒指则男女都有，一般都戴金戒指。项较少人戴，有的也多放在箱里，平时很少戴在身上。小孩子普遍要戴银手镯、银脚镯，镯圈上串几个小响铃，便于长辈循铃声找到孩子。

随着妇女发式的改变，用首饰的逐渐少了。清末民初，客家妇女由梳"高髻"改为梳"盘龙"，梳妆简便多了，只把辫子扭起盘结在后脑，盘起扎紧，插上一支"毛铺"就行了，不仅发饰，其他饰物也省去了。

凉帽是客家妇女特有的。样式有两种，一种是用竹篾织成圆圈，中间穿孔，周围用布条缝挂，戴在头上露出发髻、发髻上用毛铺或竹片横插，使帽稳定。另一

凉帽

种是在竹笠周围缝挂布条。布多是疏纹的，以便通风。

过去，妇女是不能抛头露面的，但客家妇女为环境所逼，南迁后要跟男人一道出门干活，上山下田，赶圩出入，不得不抛头露面，为了"遮羞"，便戴上这种凉帽。

它又似面纱，自己可以看清别人，而别人看不清自己。还一个原因是这种凉帽戴起来既凉爽又轻便。因有以上两大好处，客家妇女便将它世代流传下来。

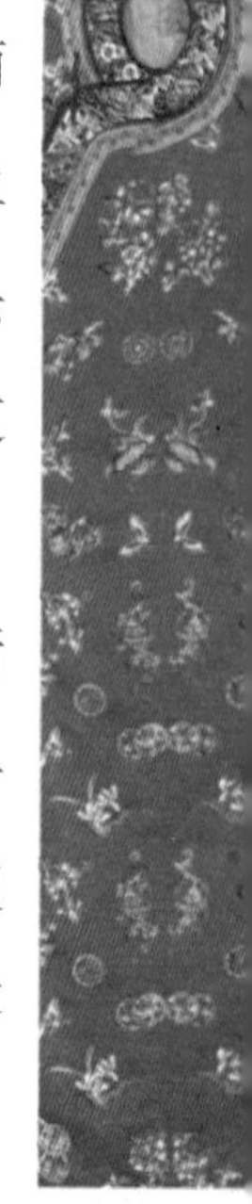

草帽是用麦秆编织的圆顶竹笠形的帽子，故称草帽。主要用来在晴天遮太阳，下雨天则不适用，被雨淋后的草帽易发霉。这种草帽至今仍流行。

蓑衣有两种，一种是用棕毛编制的，披在背上，既能挡风雨又很暖和；另一种用山上的箬竹叶编制，优点是较轻便，但不如棕蓑衣耐用、暖和。

◆惠安女服饰

惠安女服饰源于闽越文化，又融汇了中原文化的精华，经过一千多年的异化和传承而顽强地保留下来。

惠安女服饰分布在惠安东部海坤区域的崇武、山霞、净峰、小柞等乡镇。

它包括服饰、发型和其他穿戴等。以现存的服饰实物大致可归纳为清末至20世纪30年代服饰、20世纪50年代服饰、20世纪80年代。

惠安女服饰融民族、民间、地方和环境特征为一体，既有少数民族特点，又独具地方特色，是研究闽越文化传承变迁及中华民族多元文化交融的珍贵的文化遗产，在民族服饰文化中独树一帜。2006年5月20日，经国务院批准，惠安女服饰被列为第一批国家级非物质文化遗产名录。

惠安女服饰的传承历程充分展现了惠安女的勤劳智慧和杰出

惠安女服饰

的创造力，展示了优秀传统文化的无限生命力。

惠安女服饰所蕴含的服饰艺术与服饰民俗的丰富深刻内涵，是一份不可多得的珍贵文化遗产。

◆徽州服饰

明代以前，徽州以自织麻布为衣，多为黑、白、蓝三色，衣制长期不变。

长袍马褂：旧时徽州男子服饰，为长袍马褂，长袍与马褂均为盘领、窄袖。长袍为大襟。马褂是对襟，大都有马蹄袖。材料以直筒呢、黑花绸缎为多，与蓝色、朱青色、灰色长袍配套，显得庄重大方。也有马褂、长袍相连的“两接头”形式，这种形式的长袍只有下半截，用扣子扣在马褂的下摆内，酷似战国时流行的“战衣”。

每年端午节，徽州家家户户都要为小孩子制作端午衣。端午衣包括端午服、端午帽和端午棉。端午服，多用色布制作，上装为大襟系带和对襟扣纽两种，亦有后背开禁扣纽的；裤子视孩子大小分为开裆、密裆两种。

端午衣的制作极为讲究，富贵人家多在衣裤上用五彩丝线绣上图案、花卉和“如意”边，上装绣在胸前、肩头、袖口、下摆等部位，裤子则绣在膝盖、裤脚口等处。

端午帽，主要是为幼小的婴儿或一二岁小孩制作，端午节前后的气温虽已暖和，但较小的孩子还须戴帽防风。

襦即短衣、短袄，为徽州女子常用的服饰。襦衣多为宽衣大袖式，单的为“褂”，夹棉的称“袄”。面料主要有朱青布、蓝竹布、白底蓝花布、士林蓝布和黑箱云纱、绸缎等。领口有盘领、元宝领，有大襟、如意襟、斜襟等式样。

袖口有大袖，一甩袖口即能缩回衣内；小袖一般用作内衣及劳作时穿，袖口有纽扣可扣紧。

◆质朴粗犷的陕北服饰

陕北是黄河流域很有代表性的一片土地，这里人们的服饰及其演变过程极富特征。而绥德、米脂等地出土的一批东汉墓葬画像石，为我们提供了宝贵的图像资料。

秦汉时代，陕北一带经济有较大的发展。那时，达官贵人的衣着以丝绸为主，宽袍大袖高冠；农夫着长裤短袍，头顶平冠或葛巾；狩猎者着紧身衣裤；舞女则长舒衣袖，软裙飘逸。

宋元之前，众多民族杂居，汉与匈奴、羯、氐、羌、党项、回纥等民族共同生息。在喜猎牧骑射的部族中，皮毛以及毛织品的使用比较常见。

棉花在中国的引进栽培和兴起，大致是在元代之后，且先见于南方。因此，明代之前，陕北人不会有棉布衣着，一般用麻、绸、皮、毛制作服装。至于款式花样，我们只能从传统戏剧、古典小说、文史资料中大致领略了。

到了清代，陕北人的衣料以棉布、丝绸为主，服饰受满族影响较大。官场中人是统一例制的针绣蟒袍、顶戴花翎和青衣短袍，足登官靴或吏鞋，以职品身份区别。豪门贵妇穿旗袍者较多，绅士商人多穿长袍马褂，戴瓜壳帽，农民贩夫着长裤短衫。

近现代，陕北人的衣着服饰注重简朴、实用、大方。县城受外地影响较大，出外做官、经商、读书的人把别处的时髦着装带回来，自然会影响绥德、米脂、榆林、府谷、神木等县城中上层人士。

很长一段时间，陕北老百姓

的典型着装是家做衣裤。农家用自织自染的黑、蓝、灰褐色的土布，也叫老布或粗布做衣料，城镇居民用土布或机制布制衣。

男人上衣，不论单衫、夹衣、棉袄，一律低领对襟式，方言叫“对门门”，纽扣是布条挽制的“核桃疙瘩”；女人上衣则是低领偏襟式，俗称“长襟襟”，纽扣也是“核桃疙瘩”。

男女裤皆为大裆裤，白布为腰，相当宽大，前不开口，穿时需折叠系布带或线织裤带，这种服装男女老幼通用。

后来女孩子开始自己缝衣服，用红布缝成夹层菱形的“红肚兜”，手巧的还在上面绣花，用它挂在身前护腹，代替衬衣，避免腹部受凉，这也是男女老幼通用的。

现在，红肚兜只偶尔见于儿

陕北服饰

童们在舞台上表演用。陕北冬季长，人们有5个多月要穿棉袄。小娃儿胸前系帔，防止口水或食物弄脏棉袄，便于洗换；臀部系棉布“屁帘”，可为穿开裆裤的幼儿遮寒挡潮；农民用山羊皮或绵羊皮缝制老皮袄，虽不漂亮，但很暖和！

陕北农民从前很少戴帽，通常用一块粗白布或白毛巾包头朝前扎，以巾代帽，称做拢手巾，夏遮阳冬御寒，又可擦汗、洗脸。民歌中唱的“羊肚子手巾三道道蓝，哥哥拢头怪好看”正是指此。

陕北人穿的千层底布鞋，美观大方，舒适耐用。做鞋是婆姨们的巧拙标志之一，过去的女娃娃一长大就要向母亲学做鞋。

巧媳妇将平日积攒下的布片，打浆糊在案板上粘成厚片，晒干揭下，叫袼褙。拿事先备好的鞋底、鞋帮纸样照着剪，鞋底袼褙三五层，用白布沿边，上下层蒙白布，摞起来用麻绳密密地纳成鞋底。

鞋帮一层袼褙，用黑春服呢、咔叽或条绒布蒙面扎边。然后将帮、底绱合。一双新布鞋，不论方口、圆口或女式长带鞋，都是白底黑帮。

过去的姑娘要给未婚夫送一双自己亲手做的千层底布鞋，一则盼他心诚意浓，二则显示自己的心灵手巧，俗语称送“稳跟鞋”。鞋底袼褙不用白布沿边，叫“毛底鞋”；鞋帮若用蚕丝线密密纳过，叫“实遍纳鞋”。这两种鞋虽不及千层底鞋美观，却更结实耐穿。

◆唐古特人的服饰

唐古特人所穿的衣服用呢料或羊皮制成，这是由当地夏季极度潮湿而冬季无比寒冷的气候条件决定的。

青海湖

夏天，无论男女都穿及膝的灰呢长袍，穿买的或自制的靴子，戴一顶通常为灰色的宽檐儿毡帽，唐古特人从不穿衬衫和长裤，甚至冬天也是贴身穿皮大衣，把小腿露在外面。

有钱人穿的长袍使用蓝色中式大布缝制成的，这已经很奢侈了，这里的喇嘛与蒙古的一样身披红袍，个别披黄袍。

在喀尔喀地区经常可见有人着丝绸长袍，在唐古特地区却十分罕见。不管穿什么衣服，也不管是什么季节，唐古特人总是不穿右边的袖子，因此有右臂及右边的半个胸膛就只好袒露着。

不少讲究的人用从西藏搞到的雪豹皮给衣服滚上边，左耳戴一只串着红色石榴石的银耳环。此外，腰后别的火镰和小刀、左边挂的荷包和烟袋是每个唐古特男人必备的饰品。

此外，青海湖和柴达木的唐古特人与蒙古人一样，每人腰后都带一把又长又宽的马刀。马刀价值不菲，一把普通的刀售价三四两银子，镶了饰品的售价十五两银子。

妇女的衣着与男性相同，只是每逢节日，她们会肩披宽毛巾，毛巾上有贝壳制成的白色的圆环为装饰，直径约为2.5厘米，每隔5厘米缝一个。

此外，和蒙古人一样，红珠串也是有钱人家的妇女梳妆打扮时不可缺少的一种饰物。

礼　帽

帽名，分冬夏两式，冬用黑色毛呢，夏用白色丝葛。其制多用圆顶，下施宽阔帽檐。近代时，穿着中西服装者都戴此帽，为男子最庄重的饰物。

第三章

缤纷多彩的少数民族服饰

带有东方色彩的服饰图案

中国民间文化经世世代代锤炼和传承，凝聚着民族的性格、民族的精神及民族的真、善、美，是中华民族彼此认同的标志，是同胞沟通情感的纽带。

古代中国文明发展迅速，国力强盛，有“衣冠王国”之誉。汉族是世界上人数最多的民族，历史源远流长、文化辉煌灿烂。

汉族服饰经过不断发展和改进，实用功能和装饰作用结合得日益完善，创造了带有东方色彩的服饰风尚并对周边国家和地区产生了广泛影响。

◆汉族服饰

汉族的服饰，在式样上主要有上衣下裳和衣裳相连两种基本的形式，大襟右衽是其始终保留的鲜明特点。

古代染织

不同朝代、不同历史阶段，汉族服饰又各有不同的特点。

在服饰的色彩上，汉族视青、红、皂、白、黄等五种颜色为“正色”。不同朝代也各有崇尚，一般是夏黑、商白、周赤、秦黑、汉赤，唐服色黄，旗帜赤，到了明代，定以赤色为宜。但从唐代以后，黄色曾长期被视为尊贵的颜色，天子权贵才能穿用。

服饰的原料，主要有麻布、丝绸、棉布、毛呢、皮革等。汉族的染织工艺，以其历史悠久、技术先进、制作精美而在世界上独树一帜、享有盛誉。

古代染织，特别是丝织方面，在相当长的时间内是世界上独有的。古代的染色技术也极为卓越和先进，不仅颜色多，色泽艳，而且染色牢固，不易褪色，被西方人誉为“神秘的中国术”。其方法大体可分为织花、印染、刺绣、书花四大类。

汉族服饰的装饰纹样多采用动物、植物和几何纹样。图案的表现方式，大致经历了抽象、规范到写实等几个阶段。

商周以前的图案，与原始的汉字一样，比较简练、概括、抽象。周朝以后至唐宋时期，图案日趋工整，上下均衡、左右对称，纹样布局严密。

明清时期，已注重于写实手法，各种动物、植物，往往被刻画得细腻、逼真、栩栩如生，仿佛直接采撷于现实生活，而未作任何加工处理，充分显示了汉族人民的勤劳与智慧。

大襟右衽

周朝以封建制度建国，以严密的阶级制度来巩固帝国，制定一套非常详尽周密的礼仪来规范社会，安定天下。服装是每个人阶级的标志，因此服装制度是立政的基础之一，规定是非常严格的。

商周时代的服饰，主要是上身穿衣，衣领开向右边，下身穿裳，在腰部束着一条宽边的腰带，肚围前再加一条用来遮蔽膝盖，所以又叫做蔽膝。

春秋战国的衣服，是直筒式的长衫，把衣、裳连在一起包住身子，这种衣服叫深衣。还有一种单衣，是没有里子的宽大衣服。他们头上还戴帻，帻是用来包住头发的头巾，不让头发披散下来。

这个时期，游牧民族所穿的短衣、长裤、靴子，也传进外国，这种服装穿着起来，行动的确是方便多了。

冕冠

冕是礼服中

最华贵的一种，冕服均在祭典中穿着，其服式主要由冠、衣、裳、蔽膝等要件所组成。

冕服的主体是玄衣、衣裳上面绘绣有章纹，而在最隆重的典礼时，要穿九章纹冕服。

下身前有蔽膝，天子的蔽膝为朱色，诸侯为黄朱色。鞋是双底的，以皮革和木做底，鞋底较高。

弁服其隆重性仅次于冕服，衣裳的形式与冕服相似，最大不同是不加章。弁服可分为爵弁，韦弁、冠弁等几种，它们主要的区别在于所戴的冠和衣裳的颜色。

秦汉时代，在中国服色是一个重要阶段，也就是将阴阳五行思想渗进服色思想中，秦朝国祚甚短，因此除秦始皇规定服色外，一般的服色应是沿袭战国时代的习惯。

刘邦以平民得天下后，冠服制度，大都承袭秦制。直至东汉明帝永平二年，才算有正式完备的规定。

汉朝的衣服，主要的有袍、襜褕，即直身的单衣、襦即短衣、裙。

一般人家多穿短衣长裤，贫穷人家穿的是裋褐，即粗布做的短衣。汉朝的妇女穿着有衣裙两件式，也有长袍，裙子的样式也多了，最有名的是留仙裙。

魏晋南北朝是中国古代服装史的大变动时期，这个时候因为大量的胡人搬到中原来住，胡服便成了当时时髦的服装。紧身、圆领、开叉就是胡服的特点。

到了隋唐，虽然在最隆重的礼仪服装仍跟上传统，但是穿得最多的官式常服，却有了新面貌，因此这是服饰史上的重要时期。

隋代女子穿窄合身的圆领或交领短衣，高腰拖地的长裙，腰上还系着两条飘带。唐代的女装主要是衫、裙和帔，帔就是披在肩上的长围巾。还有特别的短袖半臂衫，是套穿在长衫外面的。

唐代初期的妇女还喜欢穿袒领的小袖衣、条纹裤、绣鞋等西域式的服装，她们的头上还戴着幂离、帷帽。隋唐的女装，以红、紫、黄、绿四种颜色最受欢迎。

宋代的服装，其服色、服式多承袭唐代，与传统的融合做得更好、更自然。

宋代的男装大体上沿袭唐代样式，一般百姓多穿交领或圆领的长袍，做事的时候就把衣服往上塞在腰带上，衣服多为黑白两种颜色。

当时退休的官员、士大夫多穿一种叫做直裰的对襟长衫，袖子大大的，袖口、领口、衫角都镶有黑边，头上再戴一顶方桶形的帽子，叫做东坡巾。

宋代的女装是上身穿窄袖短衣，下身穿长裙，通常在上衣外面再穿一件对襟的长袖小褙子，很像现在的背心，褙子的领口和前襟，都绣上漂亮的花边。

民国服饰

元代是由蒙古人统治，所以元代的服饰也比较特别。

蒙古人多把额上的头发弄成一小绺，像个桃子，其他的就编成两条辫子，再绕成两个大环垂在耳朵后面，头上戴笠子帽。元代人的衣服主要是质孙服这是一种较短的长袍，比较紧、比较窄，在腰部有很多衣褶，这种衣服很方便上马下马。

元代的贵族妇女，常戴着一顶高高长长，看起来很奇怪的帽子，这种帽子叫做“罟罟冠”。她们穿的袍子宽大而且长，走起路来很不方便，常常要两个婢女在后面帮她们拉着袍角，一般的平民妇女，多是穿黑色的袍子。

朱元璋统一天下后，明代整体上大致恢复汉人衣冠。

明代的男装，多为青布直身的宽大长衣，头上戴四方平定巾，一般平民穿短衣，裹头巾。这个时候出现了一种六瓣、八瓣布片缝合的小帽，看起来很像剖成半边的西瓜。这种帽子本来是仆役所戴的，但是因为戴起来很方便，所以就普遍流行起来。这就是清代瓜皮小帽的前身。

明代的贵妇多是穿红色大袖的袍子，一般妇女只能穿桃红、紫绿及一些浅淡的颜色。平日常穿的是短衫长裙，腰上系着绸带，裙子宽大，样式很多，像百褶裙、凤尾裙、月华裙等。

清朝是中国服装史上改变最大的一个时代，清代是个满汉文化交融的时代，尤其是服装文化。

清代的衣服长袍马褂，早先是富贵人家才穿的服饰，后来普及了，变成全国的一般服饰。

满族妇女穿的旗装，早期是宽宽大大的，后来才有了腰身。她们的鞋子也很特别，是一种花盆式的高底鞋。至于汉族妇女的服饰，则和明代差不多。

由于民国时期主张向西方学

习，当时中国人正式改穿西式服装，女人的衣服也由原来宽大的长袍加入西方剪裁变为旗袍，大部分汉人渐渐以其为汉族服装。

清代男子的服饰以长袍马褂为主，此风在康熙后期雍正时期最为流行，而妇女服饰在清代可谓满、汉服饰并存。

满族妇女以长袍为主，汉族妇女则仍以上衣下裙为时尚。清代中期始，满汉各有仿效，至后期，满族效仿汉族的风气颇盛，甚至史书有“大半旗装改汉装，宫袍截作短衣裳”之记载。而汉族仿效满族服饰的风气，也于此时在贵妇中流行。

风行于20世纪20年代的旗袍，脱胎于清代满族妇女服装，是由汉族妇女在穿着中吸收西洋服装式样不断改进而定型的。

从20世纪20年代至20世纪40年代末，中国旗袍风行了二十多年，款式几经变化，如领子的高低、袖子的短长、开衩的高矮，使旗袍彻底摆脱了老式样，改变了中国妇女长期来束胸裹臂的旧貌，让女性体态和曲线美充分显示出来，正适合当时的风尚，为女性解放立了一功。

青布旗袍最为当时的女学生所欢迎，全国效仿，几乎成为二十年代后期中国新女性的典型装扮。

自20世纪30年代起，旗袍几乎成了中国妇女的标准服装，民间妇女、学生、工人及达官显贵的夫人，无不穿着。旗袍甚至成了交际场合和外交活动的礼服。

◆拉祜族服饰

拉祜族喜欢黑色，服装大都以黑布衬底，用彩线和色布缀上各种花边图案，再嵌上洁白的银泡，使整个色彩既深沉而又对比鲜明，给人以无限的美感。

拉祜族男女过去均喜欢剃光头，但未婚女子不剃，婚后妇女要在头顶留一绺头发，为魂毛，以示男女之别。

现在多数青年女子已蓄发梳辫，偏远山区的拉祜族妇女仍保留剃发的习俗。他们认为剃光头卫生、舒适，又是妇女美的标志。

男女均喜戴银质项圈、耳环、手镯，妇女胸前还多佩挂大银牌。

拉祜族多数聚居于云南澜沧拉祜族自治县和孟连傣族拉祜族佤族自治县，少部分与其他民族交错杂居于澜沧江以东各县。

拉祜族渊源于甘肃、青海一带的古羌人。早期过着游牧生活，后逐水草茂盛的草原，由北向南迁徙定居于澜沧江流域。其服饰反映了本民族早期的游牧文化，也体现了近代的农耕风格。

节日或盛装时，男女均喜长

拉祜族服饰

方形的背袋。背袋系自织的青布或红白彩线编织而成，袋上饰有贝壳和彩色绒球。男女青年恋爱时除赠送绣荷包、腰带外，背袋也是定情物。

拉祜族男子服饰的制作较为简单，而妇女服饰的制作则显得复杂，体现了具有民族特色的传统工艺。

缝制长袍时，先用红、黄、蓝、白、绿、黑等色布排成各种图案，再用银泡组成相互交错的三角形图案，然后有规则地镶嵌在长袍的高领、胸围和袖口，长袍开口边沿或用波浪形彩线缝合，或用三角形、长方形图案彩布拼合，拼合口用密针缝合，胸围部分再镶上银吊。

短衣的制作工序大抵如此。缝制筒裙的关键之处在于绣织筒裙上的彩带图案。若不具备熟练的技巧，绣出的彩带就会不符合要求。

凤凰装

拉祜族女子从小就要学习绣彩带的技术，而拉祜人也将刺绣技术的高低当作衡量女子是否成熟与能干的标准之一，民间亦有谚语:“男子不会砍柴莫推迟包头,女儿不会缝筒裙莫丢包。”

拉祜纳妇女的服饰较完整地保留了古羌人的传统服饰特点,头裹一丈多长的黑色头巾,末端垂及腰间;身穿高领,高开衩的右襟长袍,长袍多为黑色,衣领周围及开衩口边镶有彩色几何纹布块,衣领及开襟处还嵌有雪亮的银泡。

拉祜西妇女的服饰则带有南方民族的特点,头裹黑色或白色头巾,身穿无领对襟短衫,下着长筒裙,上衣的前胸及袖口饰有彩色布条。

◆畲族服饰

作为第二批国家级非物质文化遗产的畲族服饰,由于长期以来与汉族杂居,他们的装束已与汉族没有什么差别了。

过去畲族男子的服装式样有两种,一种是平常穿的大襟无领青色麻布短衫;另一种是结婚或祭祖时穿的礼服,红顶黑缎官帽,青色或红色长衫,外套龙凤马褂,长衫的襟口和胸前有一方绣有龙的花纹图案,脚穿白色布袜和圆口黑面布底鞋。

畲族妇女的服装独具特色,大多是用自织的苎麻布制作,有黑蓝两色,黑色居多,衣服是右开襟,衣领、袖口、右襟多镶有彩色花边,一般来说,花多、边纹宽的是中青年妇女的服装。她们均系一条一尺多宽的围裙,腰间还束一条花腰带,亦叫合手巾带,宽四厘米,长一米余,上面有各种装饰花纹,也有绣上“百年合好”“五世其昌”等吉祥语句的。

还有的是用蓝印花布制作的,束上它别有一番风采。衣服和围裙上亦绣有各种花卉、鸟兽及几何图案,五彩缤纷,十分好看。

有些地区的畲族妇女系黑色短裙，穿尖头有穗的绣花鞋；有的喜爱系入幅罗裙，裙长及脚面，周围绣有花边，中间绣有白云图案；还有的不分季节，一年到头穿短裤，裤脚镶有锯齿形花边，裹黑色绑腿，赤脚。

畲族妇女的装饰要数发式最为引人注目。特别是已婚妇女，她们有将头发从后面梳成长筒式发髻，像一个鸡冠形的帽子扣在后脑勺上，发间用红绒线环束。

畲族头饰

有的是在头顶上放一个五六厘米长的小竹筒，把头发绕在竹筒上梳成螺形，显得很别致。

梳头时，不仅要用茶油和水抹，还要加上假发，所以显得高大、蓬松而且光亮。结婚时，小竹筒要用红布包裹，上饰以银钗、银牌，盘绕着石珠串。

有的前顶还用银质头花围成环状，头花下沿有无数银球、银片之类的装饰品垂落在眼前。未婚少女的发式比较简单，只将头发梳平绕在头的周围，用红线束紧即可。

现在不少畲族姑娘也剪短发或梳辫子了。

畲族妇女多戴大耳环、银手镯和戒指，外出时戴精致的斗笠。斗笠是畲族著名的编织工艺品，做工精细，上面有各式细巧的花纹，用二百多条一毫米粗的细竹丝编成，造型优美，再配上水红绸带、白绸带以及各色珠子，更加精致美观，是畲族妇女最喜爱的装饰品。

畲族妇女首饰畲语称“gie”，旧时是结婚始戴，现在是出门或节日时戴，死了也戴好入棺。

装扮为后脑盘发髻，发脚四周绕上黑色绉纱，头顶置银箔包的竹筒，直径约一寸，长约三寸，富者全部用银，包以红帕，竖两支银钗，形成钝角三角形，钉上八串瓷珠，瓷珠绕过绉纱以固定“gie”身，瓷珠垂过肩，每支末端拴小银牌，形如凤凰鸟头冠。

畲族服饰特色主要体现在妇女装扮上，叫凤凰装。

上衣是大襟衫，长度过膝，领、袖、襟处都绣有花边，花边色彩鲜艳，花色繁多。腰扎围裙，畲语称“拦腰”，为长一尺、宽一尺五的麻布块，染青色或蓝色，镶红布拦腰头，钉上彩带。

旧社会男子出门穿大襟长衫，劳动时穿大襟短衫，现在都为直襟短衫。

过去，畲族人民上山劳动都打绑腿穿草鞋，在家穿木屐。冬天穿布袜，下雪天用棕包脚行走。

畲族崇尚青、蓝色，多着自织的苎麻布制的衣服。由于居住地区不同，服饰的样式种类很多。

地方志记载，福州侯官一带畲族“短衫跣足，妇女高髻蒙布，加饰如璎珞状”。德化畲族男子不巾不帽，短衫阔袖，椎髻跣足。妇女不笄饰，结草珠，若璎珞，蒙髻上。

建阳畲族男子服饰与汉人略同，妇女不缠足，不施膏泽，无金银饰物，服色唯蓝、青与白色，常披蓑衣戴笠，跣足，与男子同劳作。

◆佤族服饰

佤族崇拜红色和黑色，服饰多以黑为质，以红为饰，基本上还保留着古老的山地民族特色。

西盟地区的男子用黑布或红布缠头，上穿无领短衣，裤子短而宽，裤筒一般一尺二寸，喜欢赤足。

青年男子身佩长刀，颈戴竹藤圈，头戴银夹，身挎背带，显得威风凛凛。他们喜爱装饰品，耳朵穿孔戴大圆耳环或坠银耳筒，手腕戴银镯银链。

佤族妇女多留长发，饰以银质发夹，有些地区用藤篾或麻线编织发夹。

披肩的长发上常用马尾制作的发网网住，发网上饰有银珠。

女子着黑衣、红裙，上衣十分短小，盖胸露腹，无领、对襟、短袖。裙子过膝，常以红色为底，间有黑白绿黄条纹。耳悬银质大耳环，银环一至三个不等，项戴二三个银质项圈和若干彩色珠料，再佩上两三串鸟骨或贝壳制成的项链，五光十色，十分耀眼。

裸露的腰腹部缠绕若干竹圈

佤族服饰

藤圈，染成红或黑色，有的还雕饰有许多花纹。手臂戴两三个竹圈银圈，手腕佩银镯二只，小腿缠竹藤圈数围。

◆傣族服饰

傣族服饰淡雅美观，既讲究实用，又有很强的装饰意味，颇能体现出热爱生活，崇尚中和之美的民族个性。

傣族妇女的服饰因地区而异，西双版纳的傣族妇女上着各色紧身内衣，外罩紧无领窄袖短衫，下穿彩色筒裙，长及脚面，并用精美的银质腰带束裙。德宏一带的傣族妇女，一部分也穿大筒裙

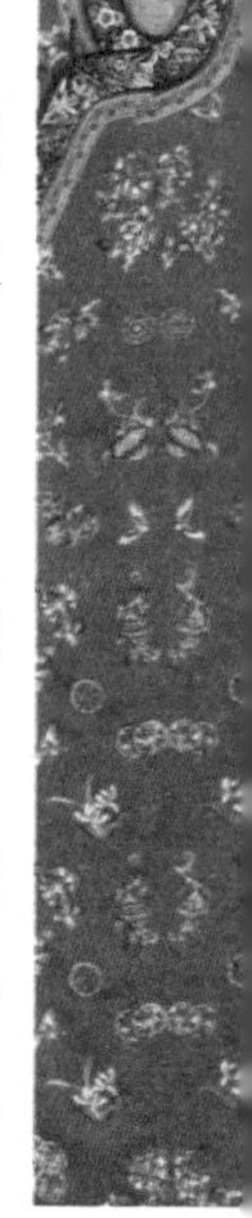

短上衣，色彩艳丽。

各种傣族妇女服饰均能显出女性的秀美窈窕之姿。傣族妇女均爱留长发，束于头顶，有的以梳子或鲜花为饰，有的包头巾，有的戴高筒形帽，有的戴一顶尖顶大斗笠，各呈其秀，各显其美，颇为别致。

傣族男子一般喜穿无领对襟或大襟小袖短衫，下着长管裤，多用白布、永红布或蓝布包头。普遍有文身的习俗，作为身体装饰美的组成部分。

傣族服饰

德宏一带傣族妇女在婚前多穿浅色大襟短衫，下穿长裤，束一小围腰，婚后穿对襟短衫，花色或黑色筒裙。西双版纳的傣族妇女上着白色、绯色或天蓝色等紧身内衣，大襟或对襟圆领窄袖衫，下身多为花色长筒裙。

各地的傣族妇女均很讲究发饰。青年妇女多结发于头顶，也有束发垂脑后的。平日多于发上扎以帕或插梳子，天冷则顶花头巾。

逢节日，姑娘们尤爱在发会上插缀鲜花并洒香水，再穿上用绸缎、尼龙、灯芯绒、金丝绒等缝制的精美衣裙。

苗条的傣族少女，将黑亮的发髻盘于脑后，在紧身短衫和花筒裙之间扣上银腰带，亭亭玉立，有古典仕女的风韵。

这种服装在耕作劳动时轻便舒适，在跳舞时又使穿着者显得健美潇洒。

傣族男子一般不戴饰物，偶尔也会发现他们的手腕上有一只闪闪发亮的银镯。

傣族妇女首饰通常用金银制作，空心居多，上面刻有精美的花纹和图案。

傣族妇女的裙子现在多是用乔其纱、丝绸、的确良等料子缝制。窄袖短衫紧紧地套着胳膊，几乎没有一点空隙，有不少人还喜欢

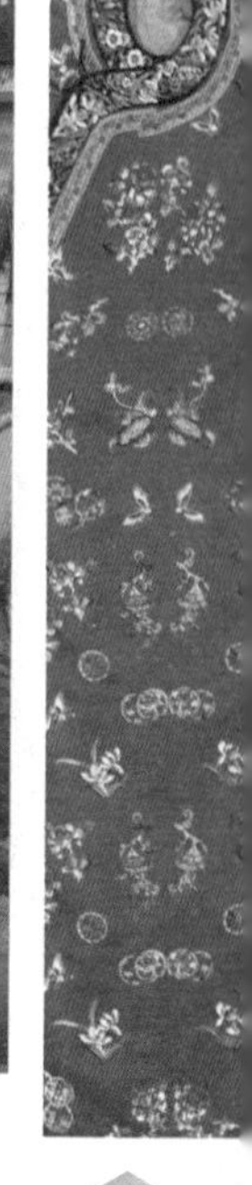

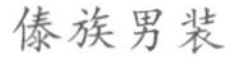
傣族男装

用肉色衣料缝制，若不仔细看还看不出袖管，前后衣襟刚好齐腰，紧紧裹住身子，再用一根银腰带系着短袖衫和筒裙口，下着长至脚踝的筒裙，腰身纤巧细小，下摆宽大，所采用的布料轻柔，色彩鲜艳明快，无论走路或做事，都给人一种婀娜多姿、潇洒飘逸的感觉。

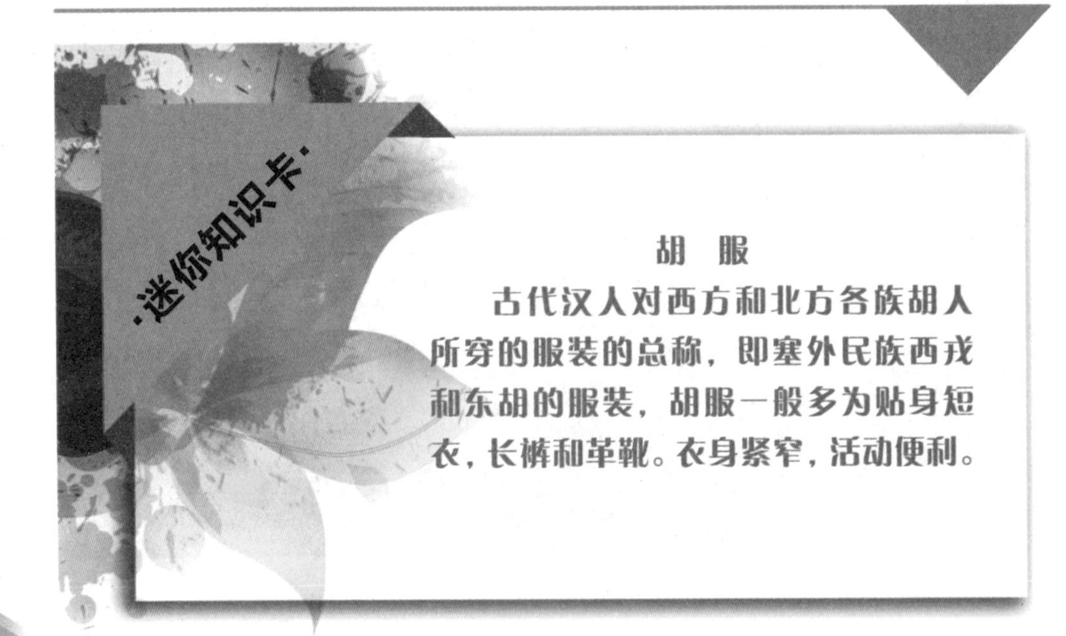

胡　服

古代汉人对西方和北方各族胡人所穿的服装的总称，即塞外民族西戎和东胡的服装，胡服一般多为贴身短衣，长裤和革靴。衣身紧窄，活动便利。

第四章

民间服饰是斑斓厚重历史的馈赠

五十六个民族的服饰，这是一份多么斑斓厚重的历史馈赠！置身其中，手触实物，摩挲、玩味一番，不由得令人怀古思今，心驰神往。或为其深沉博大的思想所震撼，或被其匠心独具的结构及装饰所折服。

◆纳西族服饰

纳西族有独特的文化，他们的服饰也是多姿多彩、个性鲜明的，这主要体现在纳西族妇女的服饰上。

纳西族妇女是丽江古城的一道亮丽的人文风景。

她们健康爽朗，热情质朴，以勤劳能干著称，就像她们所穿的羊皮披肩上那七个刺绣圆盘所象征的一样，肩担日月，背负星星，象征着纳西族妇女的勤劳。

古代的纳西族人民为了适应高原地区的农牧生产，一般以自

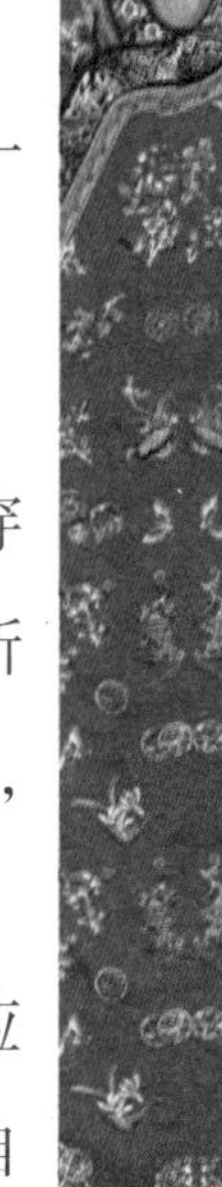

织的麻布或粗棉布做衣料，男穿短衣、长裤，女着短衣、长裙。男女大都不穿鞋袜，束花布腰带，外披一块羊皮或毛毡。

纳西族妇女身背的羊皮披肩，既有装饰作用，也有实用价值，她们运送重物主要靠肩背，这时披肩可以起到保护背部的作用。

后来受汉族的影响，男子服饰与汉族的基本相同。妇女除个别地方仍保持穿裙的习俗外已改穿长裤，但整个服饰，仍具有鲜明的民族特色。

她们身穿大褂，外加坎肩，着长裤，腰系多褶围裙，在劳动或出门时再披上羊皮披肩。披肩制作非常精巧，在肩部缀有两个大圆布圈，背上并排钉着七个小圆布圈，较为通常的说法是代表“七颗星星”。

传说上古一位勤劳能干、聪明美丽的纳西族姑娘英古与旱魔搏斗，奋战了九天，最后累倒身亡，白沙三多神为了表彰英古姑娘的勇敢行为，把雪精龙制服旱魔吞下的七个冷太阳捏成七个圆星星，镶在英古的顶衫上，以后的纳西族姑娘模仿英古，将七星图案钉在披肩上，象征披星戴月，勤劳勇敢。

还有一种说法认为，纳西族自古将青蛙视为智能之神，生育模范，能解人危难，因此那些圆形图案代表青蛙的眼睛，是一种青蛙图腾崇拜的历史遗痕。

纳西族服饰

◆藏族服饰

藏族历史悠久，文化灿烂。藏族服饰被列入第二批国家级非物质文化遗产名录。藏族服饰的特点因劳动的差异而分为农区与牧区两种。

在农区，男子穿一种大领开右襟的氆氇长袍。穿时将衣服顶在头上，腰系一条带子，垂下去的部分使其略过膝盖，伸出头后，腰部就自然形成一个囊袋，可以放进随身带的物品。

脚穿皮靴或“松巴鞋”，赤脚的也有。

过去的俗人男子都留发辫，有时为了便于行动，就把辫子盘在头上。一般都穿两耳，左耳戴一个大耳环，藏语叫“纳龙”。

农区和城镇的妇女冬季穿长袖长袍，夏季穿无袖长袍，内着各种颜色和花纹的衬衣，腰前系一块有彩色横条的“邦垫”，即围裙，但姑娘一般不准系。

由于西藏各地的自然条件、气候不同，服装的样式也有差别，如工布、昌都、山南、日喀则和拉萨等地，有明显的地区特色。在装饰方面，地区特色更为明显。

一般说来，女子在少女时梳一条发辫，成年后分成两条，另在头顶分出一小撮挂“巴珠”。“巴珠”是一种三角形的头饰，以布扎成一个三角形的架子，上面缀以珊瑚、松耳石，胸前照例戴一个“嘎乌”。两耳前面挂一双鱼形饰物。

西藏牧民大都生活在辽阔无垠的藏北草原，那里海拔高，风沙大，气候严寒，他们的服装以挡风御寒为目的，也注重实用和美观，藏北草原盛产的羊皮是制作服装的主要材料。

藏北牧人平日都穿宽大、厚

重的羊皮袍，袒露右臂，亮出古铜色的胸膛。袍子大都是光皮的，有的在袖口、衣襟、下摆用15厘米左右的黑平绒镶边。白天穿在身上，晚上可当被盖。他们爱蓄长发，掺入红色丝线编成发辫盘于头上，颇为壮观，故称“英雄发”。

他们在夏日戴红缨毡帽，这种帽子非常古老，很多壁画里的山神都戴这种帽子。冬日戴毛绒或狐狸皮帽。

牧人在节日或盛大庆典上多穿羊羔皮袍，用毛料或缎子做面料，领口、袖口和下摆镶水獭皮或豹皮。

他们腰系制作精美的火镰石盒、子弹盒、鼻烟盒等，胸前或右侧挂座钟形的护身符。牧区男子离不开腰刀、短刀和火枪。这些过去是防身的法宝，现在逐渐

藏族服饰

成为一种装饰或财富的显示。

牧区妇女平日也穿羊皮袍，领口、袖口和下摆先用黑平绒镶边，再以红、蓝、绿三色平绒条作装饰。

与卫藏服装的不同之处在于男子不穿“曲巴”，而穿一种无袖套袍，藏语称“谷秀”。上方开一圆洞，脑袋从这里伸出，腰间紧系腰带，两手从左右伸展。

“谷秀”多用黑、棕色氆氇缝制，也有用羊皮、兽皮缝制的。有一种名叫“甲果纳”的喜马拉雅山牛，其皮毛带着火红的颜色，是缝制“谷秀”的上品。

此外，熊皮、狼皮、猴皮也常被采用。工布男人戴的帽子有点像士兵的“船形帽”，它用氆氇缝制，帽檐镶有锦缎。

工布男子节日的穿着也是很讲究的，“谷秀”用银色缎子滚边，领口、腰身镶上金丝缎图案。脚蹬皮底氆氇帮的“嘎罗”靴，整体色彩鲜艳。

腰系银片装饰的腰带，前面斜插腰刀，左侧插箭，右侧挂弓，既是砍柴、狩猎的需要，也是一种表现男子孔武有力的配饰。工布女子也穿“谷秀”，下摆拖到脚边，“谷秀”边上往往镶金丝花边，或者镶上一寸左右宽的水獭皮或猴子皮。她们的帽子也形似船形帽，不过帽檐剪成燕尾形，既美观又别具一格。

◆柯尔克孜族服饰

柯尔克孜族的妇女多喜红色，穿短装，也有穿连衣裙的。衬衫宽大直领，布料和衣服缝制简单，高级衣服缝制讲究，袖口和对襟处钉银扣。

裙子用宽带，或用绸料迭成多褶，制成圆筒状，上端束于腰间，下端镶制皮毛。内衣翻领套坎肩，

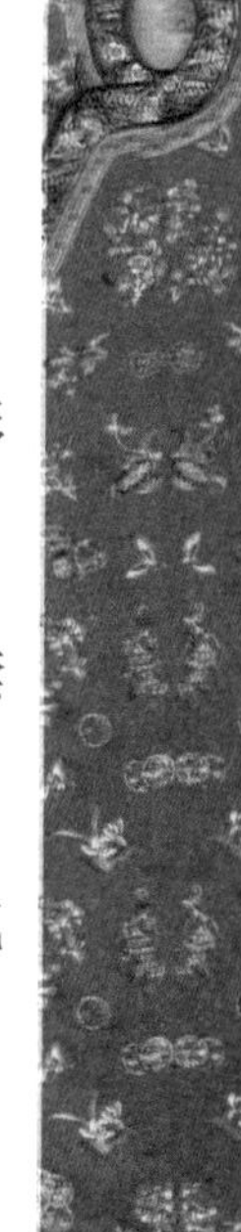

坎肩领口甚大，在短装外面套大衣，多为黑色，冬季内加棉絮。

妇女戴圆形金丝绒红色花帽，叫“塔克西”，上面蒙上头巾。另一种帽子叫“艾力其克”，镶有装饰品和刺绣。戴这种帽子时，里面要戴绣花软帽。

冬季戴的“卡尔帕克”由毛毡制成，顶加帽穗，帽面用呢料或布料，帽两侧开口，顶部一般是白色。后两种帽子比较古老，多数人已经不戴了。

妇女的头饰很复杂，用“绣花布条”绑扎发辫，发辫末梢系圆形银质小钱数个，再用珠链将两条发辫连结在一起。

柯尔克孜族的男装亦多刺绣，短装，上衣多长及臂部。直领，领口绣花，袖口紧束，上衣对襟，对襟处钉银制纽扣，内衣多白色，常刺绣，外套“坎肩”，也叫“架架”，与妇女所穿式样相似，但颜色不同。

男装多为黑、灰、蓝三色。外出都穿大衣，一大衣无领，袖口多用黑布沾边，称“托克切克满”；亦有穿皮衣的，称“衣切克”。

男子不留须，不蓄发。如为独生子，可在十岁内蓄发，但不能蓄其全部，只在头部的前、后、左、右留上四撮圆形或半圆形的头发做记号，长至十岁，这种记号便要剃掉。

柯尔克孜族头饰

男子的帽子多用红布制成，在帽子的顶上有丝绒作成的穗子，穗子上缀有珠子等装饰品。冬季则戴皮帽。

◆彝族服饰

彝族支系繁多，各地服饰差异大，服饰区别近百种，琳琅满目，各具特色。

妇女一般上身穿镶边或绣花的大襟右衽上衣，戴黑色包头、耳环，领口别有银排花。除小凉山的彝族妇女穿裙子外，云南其他地区的彝族妇女都穿长裤，许多支系的女子长裤脚上还绣有精致的花边，已婚妇女的衣襟袖口、领口也都绣有精美多彩的花边，尤其是围腰上的刺绣更是光彩夺目。

滇中和滇南的未婚女子多戴鲜艳的缀有红缨和珠料的鸡冠帽，鸡冠帽常用布壳剪成鸡冠形状，又以大小数十、数百乃至上千颗银泡镶绣而成。

居住在山区的彝族，过去无论男女，都喜欢披一件擦耳瓦——羊皮披毡。它形似斗篷，用羊毛织成，长至膝盖以下，下端缀有毛穗子，一般为深黑色。

彝族少女在15岁前，穿的是红白两色童裙，梳的是独辫。满15岁时，有的地方就要举行一种叫“沙拉洛”的仪式，即换裙子、梳双辫、扯耳线，标志着该少女已经长大成人，15岁以后，要穿黑色的拖地长裙，把单辫梳成双辫，戴上绣满彩花的头帕，把童年时穿耳的旧线扯下换上银光闪闪的耳坠。

彝族男子多穿黑色窄袖且镶有花边的右开襟上衣，下着多褶宽脚长裤。头顶留有约三寸长的头发一绺，汉语称为“天菩萨”，彝语称为“子尔”。

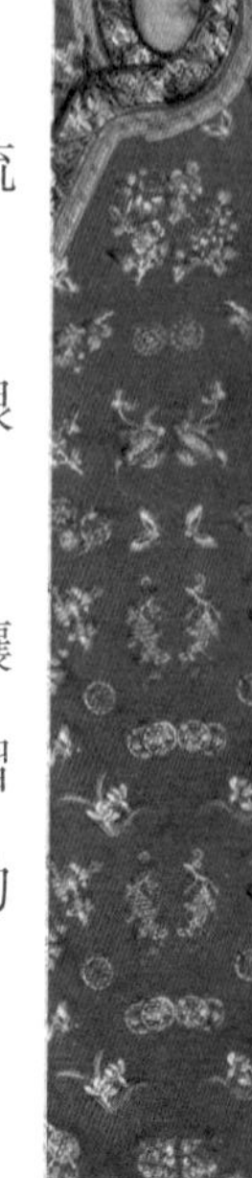

这是彝族男子显示神灵的方式，千万不能触摸。外面裹以长达丈余的青或蓝、黑色包头，右前方扎成拇指粗的长锥形的“子尔”，汉语称“英雄髻”。

男子以无须为美，利用闲暇把胡须都拔光，耳朵上戴有缀红丝线串起的黄或红色耳珠，珠下缀有红色丝线。

◆土族服饰

三川土族青年人一般穿对襟子上衣，外套青蓝坎肩，头戴礼帽，下身穿大裆裤，腰系两头绣花的腰带，脚穿黑布鞋。老人穿长袍衫子，土族语叫“大涟”；外套袖长腰短的黑色马褂子。头戴青布缝的六牙子圆帽，顶部绾着结，土族语叫“秀秀”。脚穿虎头鞋，白布袜子，裤口连着袜勒缠绑。

妇女穿绿色大襟夹袄，夹袄边沿镶黑布边或花边，下身穿绯红百褶裙，土族语叫“科儿磨”，裙子叠成半开的扇子形，前边和周围以黑布或花卉图案镶边，另系一条红、绿、蓝等色布套做的梯形围裙，土族语叫“唵哥”。

腰前衣内系花围肚，脚穿翘尖的绣花鞋。凡结过婚的妇女将头发绾成髻，土族语叫“商图”，头戴黑纱巾。耳戴银质耳环和各种穗子精制的耳坠。

女子结婚或在节日期间的穿戴更为别致，身穿以绸缎缝制的两袖口宽的绣花褂子，袖口镶有七道或九道花边，花边上绣有各种花卉图案，做工精细，鲜亮多彩。头戴凤冠，土族语叫“首帕冠”，镶着玛瑙和珊瑚，前沿密坠细小的珍珠穗子，中间是细银丝制成的凤凰。戴凤冠时还需要缀假发髻，并用长簪加固。

未婚姑娘头顶梳一条大辫子，侧面梳两条辫子，主条辫子合辫在后面，根部和顶端用缸、绿头绳扎紧，在辫子上吊一颗贝壳，额前系一条绣花额带，上坠珍珠穗子的头冠。

土族服饰

互助和大通地区土族服饰与民和三川土族的服饰不同。过去，互助和大通土族男子除戴毡帽外，还戴一种礼帽，形似清朝帽，土语称“加拉·莫立嘎”。

“加拉”即红缕穗，“莫立嘎”即帽子，此帽的形状如蘑菇状毡坯。夏帽边沿饰黑绒布，冬帽边沿饰黑羔庭，帽顶连一缕红线穗。

相传这种礼帽是清朝帽的延续，更古老的“加拉·莫立嘎”是一种喇叭状尖顶红缕毡帽。

20世纪30年代，马步芳政权强行废除了土族头饰，“加拉·莫立嘎”连同妇女头饰“扭达尔”一起被禁止，只有老年人至今还有戴此帽的，在喜庆佳节、宗教盛会时戴上旧式“加拉·莫立嘎”，则显得典雅庄重，受人敬爱。

互助土族男女的另一种头饰是毡帽，女式多为棕色，亦有白色的，翻沿高而平，周围饰以黑绒布、织锦以及金丝花边，也有在后部中央织一白色圣贤魁子的，此帽通称“拉金锁”毡帽。

褐衫是自织的一种手工产品。是由职业工匠，褐匠用细毛线织成幅宽约30厘米的褐子料，然后手工缝制成各式褐衣。

男女褐衫式样不同：女式褐衫用的是黑羊羔毛线精加工的褐料制成，质软而薄，乌黑发亮，可与毛呢相媲美，也是高级嫁妆之一。式样为小圆领大襟，两侧开衩至胯部，除下沿外均以蓝布或黑布镶边，胸前饰以彩布或花边，四只纽扣。

土族青年还喜欢扎绑带，土族语称绑带为“过加”，即“裹脚”的转音。“黑虎下山”是绑腿的一种，这种绑带一半是黑色布或褐料，一半是白料，拼在一起挂里缝制而成，宽约10厘米，长约1.5米。

缠腿时，黑色的一边在上，故有“黑虎下山”之称。

土族男子穿的鞋都是自制的“羌鞋纱”，它依制作式样的不同分为双楞子鞋和福盖地鞋。

双楞子鞋，在两片鞋帮的前部缝合处又加1.5厘米夹条，形成两溜高楞，高楞上蒙漆皮或用线密密错缝，故叫做双楞子鞋。

福盖地鞋，用剪贴的蘑菇云图案，子母相配，白线锁边，覆盖在鞋的整个前部，故称云福盖地鞋。两种款式的鞋帮都要绣上云纹盘线图案或朵朵碎花。

土族青壮年男子腿缠“黑虎下山”绑带，脚蹬绣花袜溜跟袜子和羌鞋，显得精神抖擞，美观大方。

花留肚分男女两种款式，男式土族语叫“缠腰子”，在对襟坎肩左腋下合缝处接一块长45厘米、宽20厘米长的方形绣花肚兜；女式土族语叫“朵朵尔”，直径为20厘米的半圆形绣花肚兜，缝在一块三角底布上，顶端带套在脖子上，两侧带子系于后，是一种贴身服饰。

“登洛”是土族妇女的一种佩饰，是以锡箔纸筒为坯，粗细长短如食指，外缠金丝彩线，用细绳串起来，并排6只为一组，若干组串成一副，下端饰红、黄、绿彩穗，共两副吊于胸前，齐至脚面，它与“达胡”服饰相配。

罗藏指土族妇女佩戴在腰带上的铜、银制兽头形饰物，上有孔，可系一些小佩饰，如绣花头手巾、“加西吉”“荷包”等。

“加西吉”意为针扎。有钟形、圆形、船形、葫芦形、桃形等多种。

制作时，先剪底样再贴面料，用彩线绣各种花鸟及盘线图案，将相同的两叶缝合两侧及上部，顶端留一小孔，成套筒状，然后做一个形似套筒的芯子，上端接系绳，系绳穿过套筒顶端小孔，芯子下端接两条彩布小飘带，飘带尖连小铃铛或铜钱。针扎既可以插针，又可以当佩饰。

佩饰“登洛”

“扭达尔”是近代土族妇女头饰的总称。据传，土族妇女的头饰是古代头盔、戎装、兵器等演变而来，特别是有些配套的饰物很可能是古代兵器等的缩影或移位。

土族之乡最醒目、最美丽的服饰莫过于土族语称为“秀苏”的花袖衫，它是用黄、绿、蓝、红、紫五色布或绸缎夹条缝制而成的套袖筒，缝接在坎肩或长衫的肩胛部。

妇女穿五色花袖衫时，相配的服饰是黑色、紫红色或镶花边的蓝色坎肩；腰系绣花头散带或“达包·普斯尔”，即一种大型绣花带脚穿勒鞋及“拉云”等绣花鞋；头戴“拉金锁”“圣贤魁”毡帽；身上还佩挂着许多小佩饰。看去确实鲜艳异常，婀娜多姿。

“恰绕”是土族女式鞋的总称。“恰绕”视其制作与绣花的异同，分别称作鞠鞋、过加鞋、花云子鞋、“其吉得”花鞋、仄子花鞋、翘尖绣花鞋等。

如鞠鞋形状如靴，在鞋帮上按彩虹状用彩线四周密密错缝，鞋口和鞋勒之间夹许多彩布条；花云子鞋在鞋帮上用彩线绕云纹图案，轻飘灵巧；“其吉得”花鞋在鞋帮上绣着各种花卉蜂蝶；仄子花鞋在鞋帮上用彩线绣棱形格子；裹脚花鞋在鞋帮上绣花且形状如船头的翘尖等。

堆绣

如今的土族青年，不仅喜穿本族服饰，而且还爱穿时装，他们或使土族服饰时装化，或使时装土族服饰化，丰富了土族的服饰文化。也正因如此，土族服饰也被列入第二批国家级非物质文化遗产名录，其服饰文化得以传承。

◆赫哲族服饰

赫哲族人以捕鱼和狩猎为主，有着古老而独具民族特色的鱼皮服饰，早年的妇女先把糅制加工好的鱼皮鱼线用野花染成各种颜色，然后精巧地缝制成各种鱼皮服饰。并磨鱼骨为扣，缀海贝壳为边饰。

赫哲族的鱼皮衣服多用胖头、赶条、草根、鲩鱼、鲟、大马哈、鲤鱼等鱼皮制成，长衣居多，主要是妇女穿用。样式如同旗袍，袖子短肥、腰身窄瘦，身长过膝，下身肥大。

领边、衣边、袖口、前后襟等处都绣有云纹或用染色的鹿皮剪贴成云纹或动物图案，风格淳朴浑厚、粗犷遒劲。早年衣下边往往还要缝缀海贝壳、铜铃和璎珞珠琉绣穗之类的装饰品，更加别致美观。

赫哲族的鱼皮袍等鱼皮服饰，不仅面料为鱼皮，缝衣服的线也是鱼皮的。鱼皮线是将胖头鱼皮的鳞刮掉熟好，涂抹具有油性的狗鱼肝，使之保持柔软干燥，然后将其叠好压平、切成细丝即可，使用时再勒一勒，就更细更柔滑了。

鱼皮袍等鱼皮服饰具有轻便、保暖、耐磨、防水、抗湿、易染色等特性，在严寒的冬季不会硬化、不会蒙上冰。

赫哲族的鱼皮服饰文化反映出了赫哲族人民在当时的社会环境和生产力水平下适应自然、利用自然，改造自然的聪明才智。

随着赫哲民族经济文化的发展进步和纺织、化纤等各种现代服装面料的大量输入，鱼皮服饰在现实生活中已不常见了。

赫哲族渔民的鱼皮套裤是用怀头、哲罗或狗鱼皮制成的，分男女两种。男式的上端为斜口，女式的上端为齐口，并镶有或绣有花边。冬天穿它狩猎抗寒耐磨，春秋穿它捕鱼防水护膝。

赫哲族的桦皮帽是夏天戴的，形如一般的斗笠，顶尖檐大，既可避雨，又可遮光。帽檐上刻有各种云卷纹、波浪纹，以及狍、鹿、鱼的形象，轻巧美观。姑娘常将精心制作的桦皮帽送给自己的心上人，作为爱情的信物。

鱼皮衣

手套是赫哲人在冬季必不可少的。赫哲人的手套多用狍皮制成，主要有“沙拉耶开依”，即五指手套和“瓦拉开依”，即皮手闷子，以及只有拇指与其余四指分开和“考胡鲁”，即皮手闷子，筒长并有活口三种。

三种手套各有特点，“瓦拉开依”便于拿东西却不能握枪射击。“沙拉耶开依”精巧美观，套口处多镶有灰鼠皮边和云字花边，手背面上还多绣有花纹，又便于拿东西和射击，但保暖性却较差。

人们在冬季出猎时喜欢戴“考胡鲁”，戴上它后，可以把筒套在袖口上，并用皮绳系紧，手可以从手掌面手腕处的开口自由出入指套，冷时放进去，需要时可以随时伸出手。

◆珞巴族服饰

珞巴族长期生活在高原峡谷，在衣着上也能表现出他们粗犷豪放的性格。充分利用野生植物纤维和兽皮为原料，是珞巴族服饰较突出的一个特点。

过去，在珞巴族地区流行一种叫“阶邦”的草裙，是用鸡爪谷的秸秆编成的。现在妇女穿上土布衣裙,还习惯在外面罩上一条草裙，对布裙起到保护作用。

珞巴族妇女喜穿麻布织的对襟无领窄袖上衣，外披一张小牛皮，下身围上略过膝部的紧身筒裙，小腿裹上裹腿，两端用带子扎紧。

她们很重视佩戴装饰品，除银质和铜质手镯、戒指外，还有几十圈的蓝白颜色相间的珠项链，衣服的腰部缀有许多海贝串成的圆球。

珞巴族妇女身上的饰物可多达数千克重，可装满一个小竹背篓。这些装饰品是每个家庭通过多年交换所得，是家庭财富的象征。

男子的服饰，充分显示了山林狩猎生活的特色。他们多穿用羊毛织成的黑色套头坎肩，长及腹部。背上披一块野牛皮，用皮条系在肩膀上。内着藏式氆氇长袍。博嘎尔部落男子的帽子更是别具一格，用熊皮压制成圆形，类似有檐的钢盔。帽檐上方套着带毛的熊皮圈，帽子后面还要缀一块方形熊皮。这种熊皮帽十分坚韧，打猎时还能起到迷惑猎物的作用。

珞巴族男女都喜爱系一条考究的腰带，有藤编的，有皮革制作的，也有用羊毛编织的，并织有各种彩色图案。腰带除用来扎系衣裙外，还用来悬挂小刀、火镰和其他铜、贝制作的饰物。

珞巴族服饰是珞巴人民智慧的结晶，是珞巴族审美特性的表现。正因如此，珞巴族服饰被列入第二批国家级非物质文化遗产名录。

◆高山族服饰

高山族的男女服饰是色彩绚丽、华丽精美的。最有代表性的服饰是贝珠衣，又称贝衣。这种衣服是用贝壳雕琢或小圆形有孔的珠粒，用麻线穿起来，按横线排列缝在衣服上，一件贝珠衣大约需要五六万颗贝珠。过去一般为酋长或族长做礼服用。

以现在珍藏品为例，一件无领、无袖、无纽扣的对襟长衣，衣长 100 厘米，宽 44 厘米。以织有红色花纹的原白麻布为底，周身缀满用贝壳磨切成的贝珠串，共 2 700 余排，约 8 万多颗贝珠；背面饰有三排带铜铃的珠串，每排 4 串。

由于贝珠衣的贝珠多，手工复杂，需要很长时间才能制成，十分宝贵。从贝衣的造型来看，泰雅人的贝衣多白色，耀眼，横向排列整齐，给人一种纯洁、华美的感受。

而排湾人的贝衣则以橙、黄、绿色为常见的色彩。近年来，有些缀贝向黑色、暗黄色居多，做工较细致，多缀人像，珠多细圆透明，显示出华丽的风格。

古老的贝珠衣则扁长，无光泽，具有晦涩感，但当地群众却以古珠衣为自豪，这和崇拜祖先的朴素淳厚的民风有关。

贝衣有悠久的历史，中国最早的一部地理著作《禹贡》记载：“岛夷卉服，厥篚织贝。”如果是指这种贝衣，则有两千年以上的历史了。

高山族男子一般都配有羽冠、角冠、花冠，高山族男子以花为冠可以说是一个特点。有些部族的男子还要佩戴耳环、头饰、脚饰、臂镯、手镯，显得绚丽多彩。

高山族妇女服饰基本上是开襟式，在衣襟和衣袖上绣着精巧美丽的几何图案。这种开襟服饰具有散热快的作用，也易显示出人体上身的丰满、健壮。

妇女的下身穿过膝的短裤，头戴头珠，腕戴腕镯，腰扎艳丽的腰带，脖颈上配有鲜花编成的花环。

高山族的帽子也很有特点，

高山族服饰

男子上山戴藤帽。帽顶上有圆形的图案，这是雅美人图腾的标志。祭祀时，高山族人喜戴高大的银盔。银盔是积累的财富，他们把用实物换来的银币铸成银圈，做成头盔，父传子，子传孙，世代传承。

继承人最少在头盔上增加一个圈，儿子多把银盔拆成圈分发给众儿子，在这基础上再铸出新的头盔，世代相传，连绵不断。每到节日或新船下水时，人们常戴这种银盔帽子，这是一种勤劳节俭和财富的象征。

高山族各部族之间的服饰有一些差别。服饰是文化的象征，是民族审美特征的外化，高山族的服饰有追求多样化的色彩和偏向明丽华美的风格。

◆鄂伦春族服饰

“食肉寝皮”是鄂伦春族的传统生活方式。在长期的游猎生活中，鄂伦春人独具匠心，创造了极富民族特色的狍皮服饰文化。他们的服饰，上至帽子，下至靴袜乃至各种寝具、生活用品，多用狍皮为原料。

鄂伦春族童装

鄂伦春人，头戴狍头皮帽，身着狍皮衣裤，脚穿狍腿皮靴，这些皮制服装做得实用、美观，具有浓郁的民族特色。

鄂伦春人穿的皮袍，男女式样基本相同，都是右大襟，男袍“尼罗苏恩”前后或左右开衩，女皮袍装饰美丽。春秋季的猎装较短，长到膝盖，夏季的狍皮毛很短，颜色发红，所以也叫红毛皮衣。

鄂伦春人不仅用狍皮做衣裤靴帽，被褥、出猎的睡袋，其他许多日常用品也都是用狍皮做的。为了有效利用狍皮，他们还把边角料做成漂亮的皮兜、香囊、烟荷包、腰带和猎刀的佩饰。

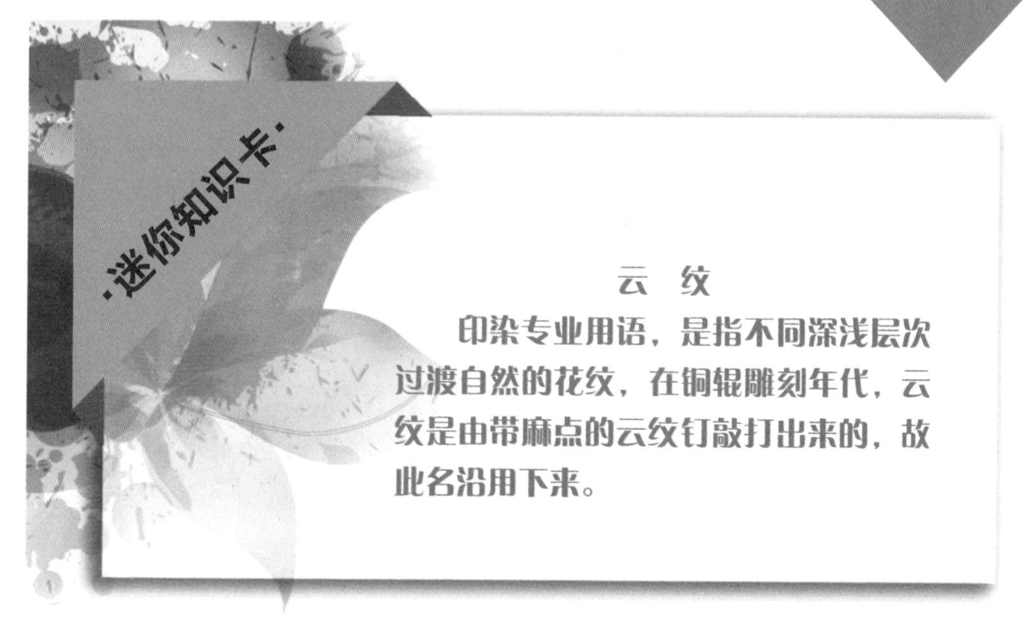

云　纹

印染专业用语，是指不同深浅层次过渡自然的花纹，在铜辊雕刻年代，云纹是由带麻点的云纹钉敲打出来的，故此名沿用下来。

第五章

民间服饰偏向明丽古朴的风格

民间服饰的构成，包括其所用的面料、裁剪工艺、染色、图案、装饰和缝制手法。但更重要的是文化的土壤。

俗话说“民以食为天”，那么也可以说“民以衣为地”。

◆独龙族服饰

独龙族男子过去用一方毯披在背后，由左至右掖，拉向胸前系结，下身穿短裤，唯遮掩臀股前后。女子用两方长布，从肩部斜披至膝，左右围向前方。男女皆散发，前齐眉、后齐肩，左右皆盖耳尖。两耳或戴环或插精制的竹筒。

现在独龙族人普遍穿上了布料衣装，但仍在衣外披覆条纹线毯。独龙族的佩饰颇具特色，男女均喜欢把藤条染成红色作为手镯和腰环饰物。

男子出门必佩砍刀、弩弓和

独龙族

箭包；妇女头披大花毛巾，项戴料珠。独龙族纺织手艺比较发达，所织麻布线毯质地优良，色彩谐调，特色鲜明。

女子多在腰间系戴染色的油藤圈作装饰，以前有纹面的习俗。妇女多披发，跣足，现在的服饰已有了较大改变，妇女仿傈僳族穿长袖衣裙，并佩戴彩色料珠链串。同时，妇女出门要身背精致的篾篓，既美观又实用，为独龙女子装饰自己的部分。

而今的独龙族妇女还保留着戴多串料珠项链，戴耳环和手环的传统。有的人受傈僳族的影响，在头部还戴上用贝壳和料珠做成的头饰，平添几分风采。

独龙族男子的服装与女装相近，最具特色的就是那条胸前背后斜挂的自织条纹麻布，人称“独龙毯”，显示出粗犷豪放的风格和古朴原始的风貌。

◆塔塔尔族服饰

塔塔尔族男子戴小花帽，穿绣花贯头衫，腰系三角绣花巾，外套为对襟无扣短衣或“袷袢”，下着长裤、高筒皮靴。

男子一般多穿套头、宽袖、绣花边的白衬衣，外加齐腰的黑色坎肩或黑色对襟、无扣的长衣，下穿赤色窄腿长裤，外穿深色坎肩。男子喜欢戴绣花小帽和圆形平顶丝绒花帽；冬季戴黑色羊羔皮帽，帽檐上卷。妇女戴嵌球小花帽，外面往往还加披头巾。

塔塔尔族人特别喜欢佩戴耳环、手镯、戒指、项链等首饰。男女皆穿皮鞋或长筒皮靴。牧区妇女喜欢把银质或镍质的货币钉在衣服上。

塔塔尔族的男子内穿绣花白衬衫，下穿黑裤，外穿黑色平绒对襟长衫或齐腰的坎肩，多戴黑白两色的绣花小帽，冬季戴黑色卷毛皮帽。

女子穿红、白、黄、紫等颜色的皱边长连衣裙，戴镶有珍珠的小花帽，有的妇女还在帽外罩一块大头巾，她们喜欢戴手镯、戒指、耳环，尤其喜戴朱红色的项链，还常在胸前别一精致的别针。

塔塔尔族的男式衬衣大多以洁白的绸缎为衣料，衣领开至胸。领子、袖口、衣襟边缘用蓝色、浅黄色、翠绿色丝绒，取“十”字形花纹构成花卉图案，色彩和谐美丽。

塔塔尔族男性不管是青年人还是中年人，大多穿背心系腰带，沿边用深蓝色、橘黄色、棕色丝绒，取“十”字方纹，彩绘出各种花草。

腰带，有以绸缎为面的深蓝色腰带，也有织锦腰带，多用咖啡色或深蓝色，其边缘有金黄色花卉。

◆京族服饰

京族服装服饰特点鲜明，简便飘逸。男子一般穿及膝长衣，袒胸束腰，衣袖较窄。

妇女内挂菱形遮胸布，外穿无领、对襟短上衣，衣身较紧，衣袖很窄，下着宽腿长裤，多为黑色或褐色。外出时，外套淡色旗袍式长外衣，衣袖仍然很窄。

京族服饰是越南的国服，这种服装以丝绸为料，质地柔软舒适，衬托出女性的婀娜身姿，而且很透气，非常适合在海边穿着。

京族的斗笠用越南盛产的葵树叶制作，质地轻盈，内斗很深，斗笠几乎盖住整个脸部，海边太阳暴烈，这种斗笠能起到防护面部的作用。

京族的服装显示出渔猎经济

京族服饰

的特征。女子穿白色、粉红等浅色无领对襟长袖紧身衣和宽大的深色长裤，赤脚，戴尖顶斗笠。劳作时将裤脚挽至腿根。盛装时套穿天蓝、粉绿、粉红或白色对襟紧身长衫，无领无扣，这种长衫外形似旗袍，开衩上至腰部，穿着方式多样，可以将前两片衣襟在胸腰部打结，形似蝴蝶，款式奇特。

男子服装与沿海汉族渔民相同，穿对襟上衣、宽大长裤、束腰带、赤足、戴斗笠。京族男女服装皆不加花饰。

◆裕固族服饰

裕固族世代以畜牧业为主，男女皆善骑马，因此形成具有牧业民族特色的服饰文化。过去，他们穿白茬羊皮袄或红高领子的衣服及长筒皮靴，样式简单，有耐寒、防沙等特点。

随着社会的发展，裕固族服饰也发生了变化，牧区的裕固族仍然穿长袍、皮靴，而农区及城镇的裕固族以穿便服为主，只有在民族节日及喜庆的日子里，才穿传统民族服饰。

裕固族男子一般穿高领左大襟的袍，长度与本人身长相当，束红、蓝色腰带，夏季和秋季戴圆形平顶锦缎镶边的白帽或礼帽，冬季戴狐皮风雪帽，足蹬高筒皮靴。

有些地区的老年人穿矮领、白褐子镶黑边的长袍，衣襟下边开小衩，外套马蹄袖短褂，左耳上戴一大耳环，腰带上挂腰刀、火镰、小佛像、鼻烟壶、烟袋等饰物。过去，男子梳长辫子，辫梢上戴彩色丝线，盘于头顶。现在的男子多留短发。

裕固族妇女也穿高领长袍，衣领高至耳侧，袍子多习惯用绿

裕固族服饰

色或蓝色布料制成，衣边上绣花边，袖口，衣领、襟边用丝线缝各种图案花纹。

长袍外罩一件色彩鲜艳的高领坎肩，坎肩一般用大红，桃红、翠绿、翠蓝色缎子缝制而成。足蹬长布靴。

腰间系红、绿、紫色腰带，腰带两端垂于腰后两侧，腰右侧还系有若干条彩色手帕，作为装饰。头戴白羊毛制作的喇叭形尖顶帽，帽檐上缝有两道黑色丝条边，后檐徽翘，前檐平伸，帽顶上缀有红线穗子，垂于帽顶周围。

裕固族妇女的头饰很有特色，未婚少女梳 5 条或 7 条发辫。并在帽顶上加一圈红色珠穗。据说此帽是为了纪念本民族历史上一位被害的女英雄的，红缨穗子代表着其牺牲时头顶的鲜血。

已婚妇女戴一种称为“头面”的头饰，即先将头发左、右、后梳成三条辫子，用三条镶有银牌、珊瑚、玛瑙、彩珠、贝壳等饰物的“头面”分别系于三条辫子上，两条垂于胸前，一条垂于背后。每条“头面”又分三段，用金属环连接起来。

裕固族妇女还讲究佩戴耳环、手镯、戒指等饰物，十分艳丽。

◆保安族服饰

保安族早期与蒙古族相邻居住，服饰也与蒙古族基本相同。男女冬季多穿长皮袍，戴各式皮帽，夏秋则穿夹袄，戴白羊毛毡制的喇叭形高筒帽。男女均系各色鲜艳的丝绸腰带，并带有小装饰物。

元朝后期，受藏族和土族的影响，保安族男女在春、夏、秋三季均穿长衫，戴礼帽。

有的男子还穿高领的白色短褂，外套黑色的坎肩；女子服饰的色彩比较鲜艳，脚穿绣花鞋，这个时候的服饰兼有藏族和土族服饰特点。

清朝咸丰至同治年间，保安族人迁徙到今甘肃积石山大河家地区后，与周围的回族、东乡族、汉族密切往来，其服饰又有了明显变化。

保安族服饰

平时，男的喜戴白色或青色的号帽，穿白布衫，套青布坎肩；逢节日庆典时，一般头戴礼帽，身着黑条绒长袍，外扎彩色腰带、挂腰刀，脚穿牛皮长筒靴。

妇女平时穿紫红色或黑绿色灯芯绒大襟上衣，蓝色或黑色裤子，有的喜欢穿过膝的长袍，下身多穿水红的花色裤，格外典雅俊俏。

如今，保安人的服饰与当地的回族、东乡族无根本差异。男子平时戴白色号帽，身穿白色衬衣，黑色坎肩，蓝色或灰色的裤子。

未婚女子多穿颜色鲜艳的上衣，头戴细薄柔软透亮的绿绸盖头；已婚少妇及中年妇女平时多戴白色卫生帽，外出时则戴黑色盖头；老年妇女多穿深色服饰，戴白盖头。

女子穿右衽上衣、长裤、外套对襟或大襟坎肩。成年女子皆戴盖头或披大头巾，戴各种小首饰。保安族妇女喜欢颜色鲜艳的衣服，上身多是大襟袄上套坎肩。长袍一般刚刚过双膝，衣袖和裤边都有不同花色的“加边”。她们多喜欢穿紫红、绿色等色彩鲜艳的灯芯绒衣裤，“加边”上绣着好看的花纹图案。

总之，过去的服饰都比较宽大，都有各色“加边”，就是男子穿的冬天的白皮上衣，往往也加上红色边子，显得格外精神。

◆仫佬族服饰

仫佬族尚深青色。过去用蓝靛染成的土布，被视为珍贵的布料。制成的布美观耐用。姑娘们的送嫁衣和老年人的防老衣都用这种布料做成。姑娘们还用它做成同年鞋，作为走坡时送给情人的定情物。

将这种布做成单梁船形鞋送给老人是对长者的最大尊敬。用它做成背儿带，再用五色丝线绣上花、鸟、虫、鱼等各种图案，精致美观，栩栩如生，充分显示了仫佬族妇女的艺术才能和审美情趣。

过去的仫佬族姑娘留辫，出嫁后结髻，现在多已剪发。饰有银耳环、手镯、戒指等物。

仫佬族妇女的装饰品喜欢用白银和玉石制作。银制饰品有银针、银钗、银簪、银镯、银戒指、银环。银针约三寸长，形似葱叶，上大下锐，粗如小葱之叶，插于髻上作固髻之用。

银钗以小银柱为脚，钗的上端安有一朵铜钱般大小的银花，银花上用细银丝卷成的短银柱两条，柱端套安一只小绒球。

银钗也是插入发髻上的装饰品。银环和银钗仅在出嫁或做客时才会佩戴。玉制饰品有玉簪、玉镯。

仫佬族服饰

仫佬族妇女大都会制作布鞋，鞋的样式有“云头鞋”“猫头鞋”“单梁鞋”“双梁鞋”等。随着社会的发展，生活水平的提高，这些传统的自制鞋越来越少见了。但有一种鞋——同年鞋，作为仫佬族姑娘定情的信物，至今仍在仫佬山乡流行着。

这种鞋制作比较复杂、细致、考究。它是用白布做底，蓝靛布做面的。

仫佬族人之所以喜欢穿草鞋，是因为草鞋柔软舒适、透气性好，穿上它行走起来轻松自如。仫佬族人编的草鞋品种繁多，有牛筋槲草鞋、九层皮草鞋、龙须草草鞋、烂皮藤草鞋、黄麻草鞋、禾秆心草鞋、竹麻草鞋、棉线草鞋及绒线草鞋等。

在众多的草鞋中，竹麻草鞋、棉线草鞋、绒线草鞋是最具特色的，至今仍在沿用。其中，竹麻草鞋是一种竹编草鞋。棉线草鞋是男青年“走坡”、赶圩时穿的。绒线草鞋鞋尖上还有一个大绒球，是女青年“走坡”、赶圩时穿的。棉线草鞋和绒线草鞋是仫佬族未婚男女青年的标志。

在走坡场上，只要见穿绒线草鞋的姑娘，小伙子便可唱歌向她求爱。

仫佬族的麦秆帽以麦秆为材料，手工编制而成。编成后，还要用石灰水煮，可以增白。

从古到今，仫佬族男女老幼都喜爱戴麦秆帽，几乎人人会编制。

◆毛南族服饰

毛南族主要分布在广西壮族自治区环江、河池、南丹、都安等地的山区，是一个传统的农业民族。

男装称为五扣衣，虽然和女装一样开右襟，但不镶花边，它的特点是有五颗晶亮的铜扣，毛南语称“骨娥妮”，意为五颗扣的衣服。

领扣一颗，右襟三颗，和领扣垂直相对，安在肚脐位置一颗，下面开襟，衣服口袋和女装一样，缝在右衣襟里不外露。

盛装时戴的头巾长约八尺，从左到右有规律地缠在头上，头巾一端有布须，缠在黑头巾顶，毛南话叫“挂爪“，腰缠八尺长的黑色腰带，腰带两头用红、黄、蓝、白绒线镶锯齿形的布须，缠

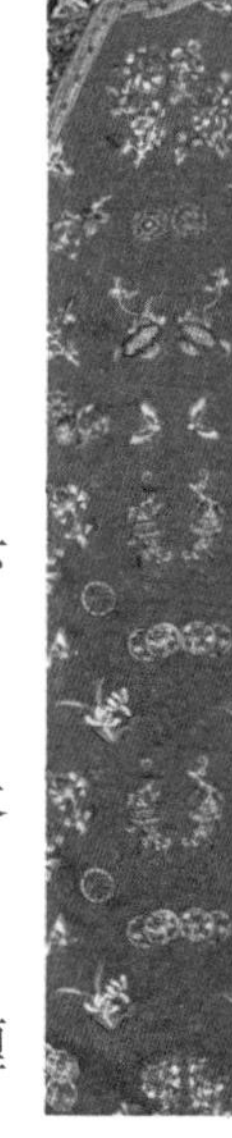

腰时两头有颜色的布须外露，下面穿宽筒裤子，脚穿白底黑面的布鞋。

女装最大的特点是镶有三道黄色花边的右开襟上衣和滚边裤子，从衣领到衣襟镶有黑色花边，花边有大有小。

大的花边有筷头那么大，镶大条花边费工少，缝制较容易，小条的花边有火柴梗那样细小，缝制工艺精细，穿起来也显得精致，美观，女裤的裤脚也镶三条黑色花边，花边大小要和上衣一样。

男女衣服颜色喜欢蓝靛自染的青色和蓝色，很少穿黄色和白色，只有孝服用白布缝制，平时忌穿白色衣服串门。

毛南族的手工产品“花竹帽”，最具特色，亦是他们服饰中的一个亮点。“花竹帽”制作精良，美观实用，深受大家的喜爱。

帽子的直径一般为70厘米，分里外两层。做一顶帽子大约需要700多根细竹篾。在外层面上刷漆，这样既不透光、不渗水，

毛南族服饰

又结实耐用。帽的里层用黑、黄二色竹篾编成各种几何图形的花纹图案。

传说在一百多年前，有一个小伙子戴着他父亲制作的“花竹帽”去赶圩，送给一位美丽的姑娘作为定情物，后来青年男女纷纷效仿，“花竹帽”便成了男女爱情的信物。

毛南族的银器饰物除银手镯外，还有耳环、银项圈、银麒麟、银环、银簪、“五子登科”帽饰、银钗、银梳等。青年妇女戴耳环，表示已出嫁或订婚了，小孩戴银锁以驱邪禳灾。

毛南族妇女爱穿绣花鞋，有“双桥”“猫鼻”“云头”等三种形式。“双桥”鞋是用红、绿两种颜色在鞋面上镶两条花边，像两座石拱桥横跨河面，也像一对彩虹吸水，因此得名。

“猫鼻”鞋用五色花带在鞋面上构成勾头形的鞋尖，尖头活像小花猫的鼻子。

“云头”鞋的鞋面绣有云藕图案，这些精致的绣花鞋通常是赴喜宴和走亲时才穿的，平时在家穿黑色布鞋。毛南人走远路、赶圩时多数穿草鞋，草鞋用竹壳、竹棉和禾米草编织而成。

◆布依族服饰

布依族男女多喜欢穿蓝、青、黑、白等色布衣服。

青壮年男子多包头巾，穿对襟短衣或大襟长衣和长裤。老年人大多穿对襟短衣或长衫。妇女的服饰各地不一，有的穿蓝黑色百褶长裙，有的喜欢在衣服上绣花，有的喜欢用白毛巾包头，带银质手镯、耳环、项圈等饰物。

惠水、长顺一带女子穿大襟短衣和长裤，系绣花围兜，头裹家织格子布包帕。花溪一带少女

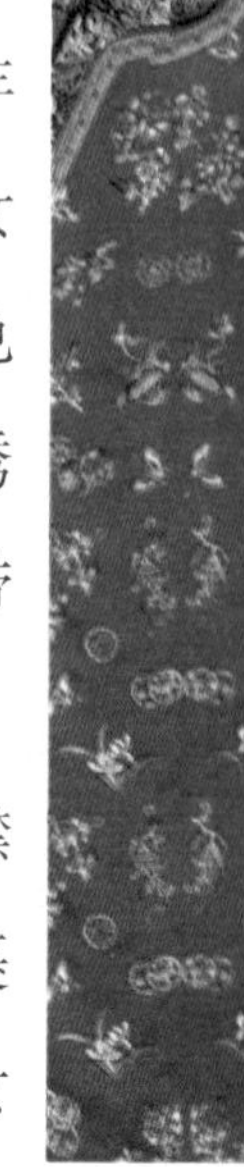

衣裤上饰有“栏干”，系围腰，戴头帕，辫子盘压在头帕上。

镇宁扁担山一带的妇女的上装为大襟短衣，下装为百褶大筒裙，上衣的领口、盘肩、衣袖都镶有“栏干”，即花边，裙料大都是用白底蓝花的蜡染布，她们习惯一次套穿几条裙子，系一条黑色镶花边的围腰带。

她们在婚前头盘发辫，戴结花头巾；婚后则改戴“假壳”，用青布和笋壳做成。在罗甸、望谟等地的布依族妇女，都穿大襟宽袖的短上衣和长裤。

晴隆、花溪等地的布依族妇女穿长到膝部的大襟短上衣和长裤，衣襟、领口、裤脚镶有花边，系绣有花卉图案的围腰，她们头上大多缠有青色花格头巾，有的脚上还穿细尖尖而朝上翘的绣花

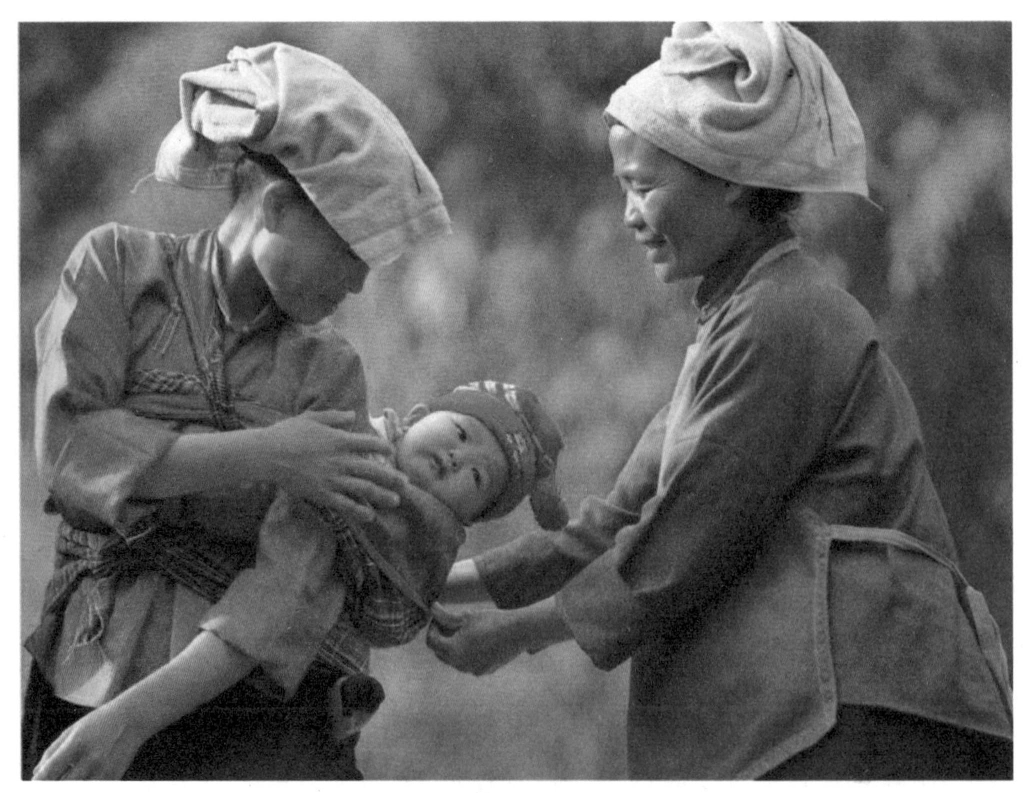

布依族服饰

鞋，也有的穿细耳草鞋。

都匀、独山、安龙等部分地区布依族妇女的服装和汉族妇女基本相同，喜戴银手镯或骨手镯、戒指、银簪、项圈等饰品。

一些布依族老年妇女仍穿着传统服饰，头缠蓝色包布，身穿青色无领对襟短衣，身大袖宽，衣缝、下角分别镶绣花边及滚边。下身多穿蓝黑色百褶长裙，有的系青布围腰或绣花围裙，脚穿精美翘鼻子满绣花鞋，整套服装集纺织、印染、挑花、刺绣于一体。

现在，布依族中年妇女的包头有的已用白毛巾代替，上衣已改穿有领大襟衣，并在左衽前下方镶嵌两三道带色布边，领前结扣处喜用银泡纽扣作装饰，袖口仍保留传统的古老风格，下身已改穿长裤，改装后显得洁净淡雅，古朴端庄。

未婚女青年服饰大体与中年妇女相似，但喜欢在包头布末端镶绣鲜艳花纹图案。每逢节日、宴会，妇女会佩戴各式各样耳环、戒指、项圈、发坠和手镯等银饰。

◆塔吉克族服饰

生活在帕米尔高原上的塔吉克族人民的服饰和那里的风光一样，富有诗意，已被列入第三批国家级非物质文艺遗产名录。

体魄健壮的塔吉克青年与老人，都有一套优质的皮装。为适应高山多变的气候，也穿皮装或絮驼毛大衣，戴白色翻毛皮帽，脚穿用羊皮作鞋帮、牦牛皮作底的长筒皮靴。穿上皮靴，过冰川、攀雪岭，行走自如。

塔吉克妇女肤色白皙，俏丽健美，喜穿红色或绣饰花边的大紫、大绿色调的连衣裙。塔吉克少女爱戴用紫色、金黄、大红色调的平绒布绣制的圆形帽冠。

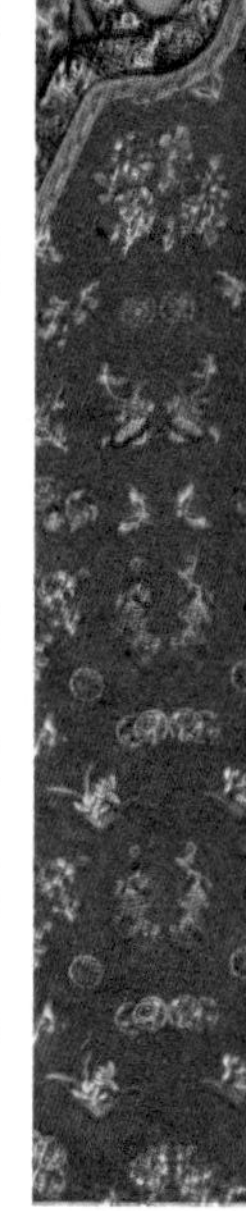

塔吉克族服饰

饰的整体协调。

塔吉克妇女的衣帽、腰带上大都绣有花纹。女帽的前檐更是绣得五彩缤纷，盛装时的帽檐上还加缀一排小银链。同时，佩戴耳环、项链和各种银质胸饰。

帽檐四周饰金、银片和珠饰编织的花卉纹样，帽的前檐垂饰一排色彩鲜艳的串珠或小银链。被称为生活在“云彩上的人家”的塔吉克族妇女不仅美貌动人，而且有一双灵巧的手，她们善绣，擅长编织。

塔吉克人的衣服、帽子、手套、腰带、被面、壁挂、花毡、鞍垫等都有她们一针一线精心绣下的各种图案和花卉，为美化和丰富她们的生活起到了重要作用。她们不仅重视在胸前、领口袖口的装饰，还特意装饰身后，使衣

塔吉克族男子平日爱穿衬衣，外穿无领对襟的黑色长外套，冬天穿光板羊皮大衣。

男戴黑绒布制成的绣着花纹的圆形高统帽。女戴圆顶绣花棉帽，外出时再披上方形大头巾，颜色多为白色，新娘则一定要用红色。

男女都穿染成红色的、长筒、尖头、软底皮靴和毡袜，毛线袜。皮靴制作讲究，舒适保暖。

在塔什库尔干，人们处处可以看到打扮得花枝招展的塔吉克

妇女，犹如从云彩中降到人世间的仙女。已婚妇女装束外出时，帽子外披上大头巾，迎风走去，头巾随风飘扬，别有一番风韵。

◆苗族服饰

黔东南是中国和世界上苗族服饰种类最多、保存最好的区域，被称为“苗族服饰博物馆”。

从总体来看，苗族服饰保持着中国民间的织、绣、挑、染的传统工艺技法，往往在运用一种主要的工艺技法的同时，穿插使用其他的工艺技法，或者挑中带绣，或者染中带绣，或者织绣结合，使服饰花团锦簇，流光溢彩，显示出鲜明的民族艺术特色。

男上装一般为左衽上衣和对襟上衣以及左衽长衫三类，以对襟上衣为最普遍。下装一般为裤脚宽盈尺许的大脚长裤。

女上装一般为右衽上衣和圆领胸前交叉上衣两类，下装为各

苗族服饰

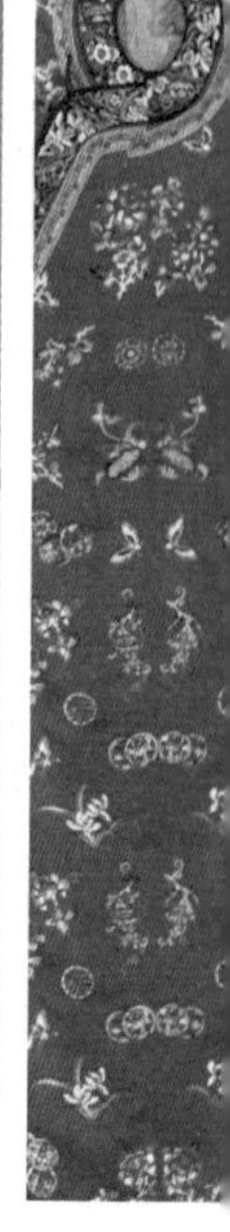

式百褶裤和长裤。

对襟男上装流行于境内大部分苗族地区，一件衣服由左、右前片，左、右后片，左、右袖六大部分组成。

衣襟钉五至十一颗布扣，左襟为扣眼，右襟为扣子。上衣前摆平直，后摆呈弧形，左、右腋下摆开衩。对襟男上衣质地一般为家织布、卡其布、织贡尼和士林布。下装一般为家织布大裤脚长裤。

左衽男上衣流行于从江、榕江八开、台江的巫脚、反排和剑河久仰等地的苗族村寨。一件衣服由左前大襟、右前襟、后片及双袖组成，左襟与右襟相交于咽喉处正中，沿右胸前斜至右腋下至摆，钉有布扣五至七颗，前摆、后摆均平直。左、右腋下摆不开衩直桶形。左衽上装布料一般为家织布或藏青织贡尼，颜色以青色为主。

左衽长衫结构与左衽上衣相同，差异仅在左衽长衫衣长至脚背，是苗族老年男子常穿的便装。男下装一般为无直裆大裤脚筒裤，裤脚宽盈尺许，裤脚与裤腿一致，由左、右前、后片四片组成。

苗族男装盛装为左衽长衫外套马褂，外观与便装相同，质地一般为绸缎、真丝等，颜色多为青、蓝、紫色，各地无异。

女上装一般为右衽上装和无领胸前交叉式上装两类。右衽上装结构与男上装中的左衽上装大体一致，唯方向相反。

苗族女装材质一般为家织布、灯芯绒、平绒、织贡尼、士林布等，一般为青、蓝等色。

◆乌孜别克族服饰

乌孜别克族的传统服饰，以男女都戴各式各样的小花帽为特点。

花帽为硬壳、无檐、贺形或四棱形，带棱角的花帽还可以折叠。花帽布料是彩墨绿、黑色、白色、枣红色的金丝绒和灯芯绒，帽子顶端和四边绣有各种别具匠心的几何和花卉图案，做工精美，色彩鲜艳。

男子的传统服装是一种长度过膝的长衣，长衣有两种款式，一种为直领、开襟、无衽，在门襟、领边、袖口上绣花边。信服上有花色图案，十分美观。另一种为斜领、右衽的长衣，类似维吾尔族的“袷袢”。腰束三角形的绣花腰带，一般年轻人的腰带色彩都很艳丽，所穿领边、袖口、前襟开口处都绣着红、绿、蓝相间的彩色花边图案，表现了乌孜别克族工艺美术的特点。

老年人爱穿黑色长衣，腰带

乌孜别克族服饰

的颜色也偏于淡雅。乌孜别克族的男女，传统上都爱穿皮靴、皮鞋，长靴外面还常穿胶制浅口套鞋，进屋时脱下套鞋，就可以不把泥土带进屋内，十分卫生。

男装有衬衣，白色套头式，圆立领，在领、袖、襟边绣几何纹等纹饰。长衫，斜领右衽，无纽扣和口袋，长及膝盖，有的还饰花边，多用较厚实的绒、绸、棉布等缝制。坎肩无领、无袖、无扣，胸前绣上大朵带枝花。青年坎肩用鲜艳的颜色，如黄底蓝花等。老年人坎肩则多用黑色。还有长裤等。

女装有连衣花裙，开领，宽大多褶，青年多穿黄色等艳丽色彩裙；老年人则多穿黑、深绿、咖啡等颜色的裙子，不束腰带。

女装上衣比较短，只及大腿部，无领，无袖，对襟，下摆的正中和正面两边都开衩，形成两片宽带，此外，襟和宽带的边都绣花。乌孜别克族妇女出门时还要穿斗篷、蒙面纱。

对　襟

汉服的一种固有衣领，汉服左右两边的衣襟相对的衣领叫做“对襟”。

“襟”原是汉服结构的专有名词，指汉服上衣前面的部分。

民间服饰是典型东方韵味的代表

古老纯朴、绚烂精美的民间服饰是典型东方韵味的民俗文化主流代表，是中国传统服饰文化的精髓，具有很高的文化和艺术理论内涵，其以精湛的手工技艺结合传统习俗来体现民间传统民俗观念和精神内涵。

最大的特点是以民族的生活生产方式为基础，显现民族个性和审美习俗“活”的方面。以技艺为表现手段，并身口相传得以延续，堪称历史文化的“活化石”。

◆哈萨克族服饰

哈萨克族是以草原游牧文化为特征的民族，他们的服饰反映着山地草原民族的生活特点，具有重要的意义。哈萨克族服饰已被列入第二批国家级非物质文化遗产名录。

哈萨克族的民族服装多用羊皮、狐狸皮、鹿皮、狼皮等制

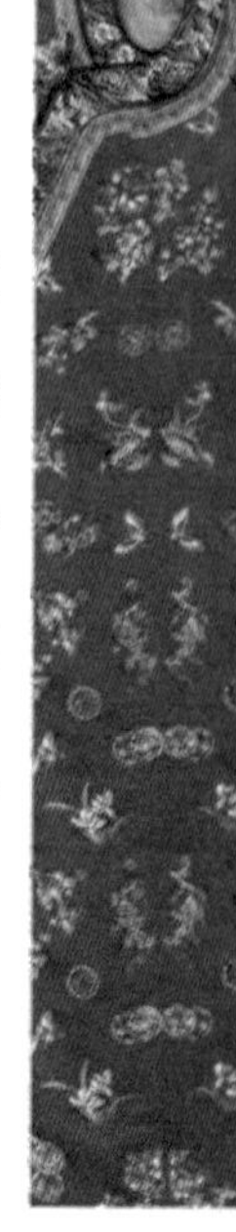

作。男人戴的帽子分冬春、夏秋季两种。冬春季的帽子是用狐狸皮或羊羔皮做的尖顶四棱的“吐马克”，左右有两个耳扇，后面有一个长尾扇，帽顶有四个棱；夏秋季的帽子是用羊羔毛制作的白毡帽,帽的翻边用黑平绒制作。

冬季，哈萨克族男子的外衣多为羊皮大氅，下穿便于骑马的大裆皮裤；夏季喜穿一种皮面布里、内夹驼毛的大衣，这种大衣还有雨衣的作用。男子穿的鞋、靴也多用皮革制成。

哈萨克族妇女的服饰多姿多彩，她们爱穿连衣裙，最讲究的是头饰，未出嫁的姑娘戴塔合亚、标尔克等类型的帽子和包巾。

塔合亚是下檐大、上檐小，呈圆斗型的帽子，一般用红色和绿色的绒布制作，用金丝绒线绣花，并用珠子镶成各种美丽的图案，帽顶上插一撮猫头鹰的羽毛，象征勇敢、坚定。

当新娘时，她们戴一种高顶的沙吾克烈帽，一年后换戴花头巾，有孩子后戴绣有颊克花纹的克衣米谢克套头巾，老年妇女戴白色披巾。

◆鄂温克族服饰

鄂温克族以畜牧业为主，衣着离不开畜皮。大毛长袍是冬季必备的服装，男女都有。

短皮衣外边套穿的上衣袖子

鄂温克族服饰

很宽，这是礼服的一种，是婚礼庆典上男女双方迎送亲友时必穿的服装，春秋可用小毛皮。羔皮袄是做客会亲友或节日穿的礼服，需 36 张羔皮，用布或绸缎吊面。

鄂温克人的服饰及其花纹很有特色。几十年前，男子穿的袍子下边开叉，而女袍不开衩。女衣在袖口周围卷起宽度一样的边儿，寒冷时可放下，男衣“马蹄袖”既美观又御寒。不论男女服装，衣边和领边都镶花边。

鄂温克人喜爱蓝、绿、黑色的衣服，不喜欢红、黄二色，把白色衣服视为孝服，就是当内衣也一定要用有色线和扣缝制。

鄂温克族女子以戒指、镯为装饰的习俗很早就有。20 世纪 80 年代，戴金质戒指、耳环的逐渐多起来。

锡尼河地区的鄂温克族妇女一年四季都穿连衣裙，上身较贴身，下身裙部多褶宽大。已婚妇女的衣袖中间缝有一寸左右宽的彩布绕袖，称为“陶海”，并穿彩色布镶边的坎肩。连衣裙以青色、蓝色为多，镶边多用绿色、黄色。

男人的帽子是圆锥形，顶尖有红缨穗，帽面用蓝色布料缝制，夏帽为呢帽或单布帽，冬帽以羔皮、水獭皮或猞猁皮制作。

◆普米族服饰

普米族源于古代氐羌族群，其服饰文化历史悠久，丰富而独特。儿童不分男女，均戴帽子。女孩留长发，编小辫拴于前方，其上佩饰数颗红、绿料珠，戴猫头形、双耳挺立的布帽。帽子周围缝缀獐牙和银菩萨像，用以避邪和祈求保佑女孩平安吉祥。

男孩头发前部和左右共梳三根小辫子，有的地区只在头顶上

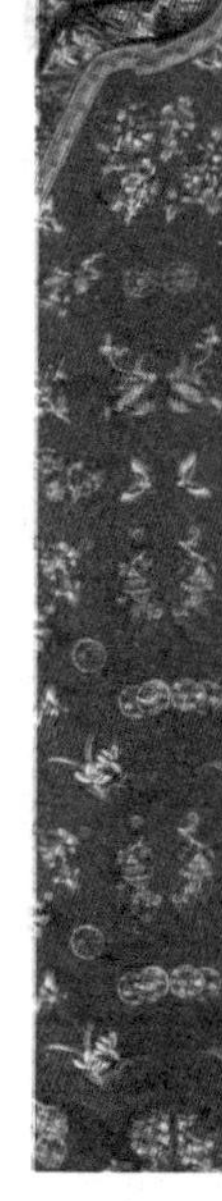

留一小撮头发，编成一条小辫子。头戴顶缀线穗的羊毛织套头帽。

他们年满 13 岁时，儿童要举行隆重的成年礼仪式，男孩要举行“穿裤子礼”，女孩要举行“穿裙子礼”。

在此之前，父母要给孩子准备好礼物。为男孩准备狐狸皮帽、熊皮长靴、弓箭、长刀等。为女孩准备洁白的羊皮褂、百褶裙、彩带、金边衣等，母亲还要将自己的手艺传给女儿，以让其继承母亲的技艺。

各地成年男子的服饰大同小异。留长发，用丝线把假发包缠在头上，也有的男子剃光头，仅在头顶留一小撮发，编成辫子盘于头顶。戴狐狸皮毛帽，以黄色雏狐狸皮毛帽为最佳。这种皮帽美观实用，深受欢迎。

此外，普米族男子还爱戴毡帽，其形状与博士帽相似，可防雨防热，深受老年男子喜爱。

男子上衣为对襟镶边短衣，以黑白两色为佳，扣双纽于腋下，下穿宽裆长裤，腰间缠一条长腰带，衣裤一并系紧，上下不分开，以便于活动，足登长筒皮靴，喜爱佩带长刀、弓箭、火药枪，既供劳动、狩猎之用，又显示男子的英武和勤劳。

普米族女子服饰较为复杂，花样繁多。

无论婚否，女子均着右衽高领、镶边大襟短上衣。上衣多为黑色、蓝色和白色，袖口有花边，领口用彩线绣有吉祥图案。领口、袖口外翻寸许，露红里。下穿宽大的白色麻、棉布百褶长裙。裙脚边加一圈红线，裙裆口加有一圈白色厚布，显得落落大方，别具一格。

普米族妇女喜欢用长达 10 余米，以红、绿、黄、蓝等色线织成的彩带密缠腰部，将腰束得很细，颇具民族特色。胸佩双须银链，手戴玉镯、银圈及金、银戒指。

有的普米族妇女还喜欢将发辫编成多股，并缀以红、白料珠。耳坠银环，项挂珊瑚珠，胸前佩戴“三须”或“五须”银链。节日或婚礼时穿花鞋，平时多跣足。

◆基诺族服饰

居住在中国西双版纳密林中的基诺族男子头上包白色或黑色头巾，上身着自制白色间加红线条的粗布对襟上衣，穿黑色粗布长裤。女子的服饰相对要复杂得多。

女子不分老少，头上都戴白色尖顶的三角帽，也有黑色的，但黑色的帽子上大都加一些各种颜色的毛线作装饰。上衣多以白、蓝、黑色为主，领口、腰围、背部和袖口都绣有各种图案的花纹。

未婚女子胸前还系一块棱形胸饰，上面绣有各种花纹，有的还镶了许多银泡。不论年长还是年少的妇女，下身都穿黑色镶有花条的粗布短裙，打黑色绑腿，据说打绑腿是为防止丛林中蚂蟥的叮咬。

基诺族男女皆喜欢戴大耳环，耳环眼较大。他们认为耳环眼的大小，是一个人勤劳与否的象征，所以他们从小就穿耳环眼，随着

基诺族服饰

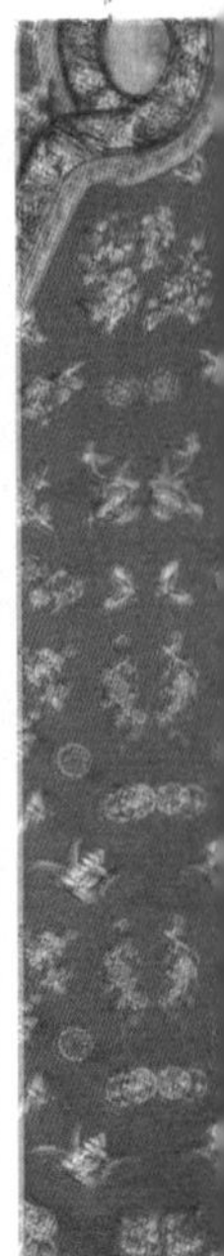

年龄的增长而逐渐扩大。如果一个人的耳环眼小，则会被人认为是胆小、懒惰。

基诺族的耳环一般用刻着花纹的竹木或银器做成，精致而美丽。

基诺族服装的布料用腰机手工纺织而成，名为“砍刀布”。基诺族就用这种“砍刀布”装扮着自己。男子通常穿无领无扣的对襟黑白花格上衣，前襟和胸部有几根红、蓝色花条，背部绣有约20厘米见方的太阳花式图案，下穿宽大的长管裤或短裤；妇女内穿鸡心式的绣花胸兜，外穿蓝、红、黄、白花格无领对襟上衣。

下穿红布镶边的短裙，裹蓝色或黑色的绑腿，头戴长及肩部的披风式尖顶帽。这种帽子别具一格，形似现代都市风雨衣上的尖顶帽，是基诺族妇女服饰的一个显著特征。

它是用长约60厘米、宽约23厘米的竖线花纹砍刀布对折，缝住一边而成。戴时常在帽檐上折起一指宽的边。

身材苗条的基诺族妇女穿戴上这样一套色彩协调、剪裁适体的服装，显得既庄重大方，又活泼俏丽。

基诺族挎包是基诺族服饰的缩影，其色彩和图纹，汇集了基诺服饰的主要特征。自织的棉麻条纹底布，是基诺族男女衣装的主要原料，它们自然也被用于挎包的缝制上。

将约一尺宽的腰织土布，裁成几块，长的那块对折成条，做挎包包带子和挎包两侧，短的横折加边，拼接在中间作为挎包包面。这类挎包制作简便牢固，式样大方，是基诺族男女老少日用的佩物。

另一类挎包缝绣较多，纹样有类似女子胸衣装饰的回纹绣、万字花、人字花、巴掌花、四瓣花、穗子花等，还有饰于男子上衣背部的月亮花，又叫太阳花或太阳鸡爪花，饰于女子上衣背部的双瓣八角花等。

日月花饰是基诺族男子的背部装饰。每个男子在衣背中央均缝缀着一块彩色图案，基诺人称之为“波罗阿波”，意为太阳花或月亮花，即日月花饰。日月花饰呈圆形，直径约为10多厘米，先用红、黄、绿、白等彩色丝线绣于18厘米见方的黑布上，再缝于衣背。

圆形图案由中心往外展开，呈放射状彩线条，有的好似太阳，光芒四射；有的线条平缓，像月亮一样柔和。日月花图案旁往往还要加绣有兽形图案或几何形花纹，使得其花纹色彩对比更丰富、和谐。

◆东乡族服饰

东乡族妇女的服装颜色单一朴素，多半是用黑色或藏青色的布料制成的。青年妇女多穿红、绿色，上衣齐膝盖，很宽大，大襟开在右边，袖长齐腕，袖口约4寸许，有的外加一件齐膝的布坎肩。下穿一直拖到脚背的长裤，裤管不十分宽大，约7寸许。冬季穿的棉袄式样与单衣相同。在严寒时节也有穿皮袄的。

东乡族服饰

结婚时，新娘穿“过美”。“过美”是一种前后开衩的长袍和裙子，上穿镶有假袖的斜襟上衣，有的短衣袖口上缀的假袖很多，以显其富有，新娘子一般穿套裤，叫“西古”，有绑腿带子。

东乡族妇女一般都戴盖头，长至腰际，头发全被遮住，只露出脸孔。

渐渐地，盖头便成了一种服饰。盖头分绿、黑、白 3 种。女孩子在 7 岁到 8 岁开始戴盖头，出嫁后改戴黑盖头，有的出嫁生了小孩以后改戴黑盖头，到了 50 岁，或者有了孙子以后戴白盖头。

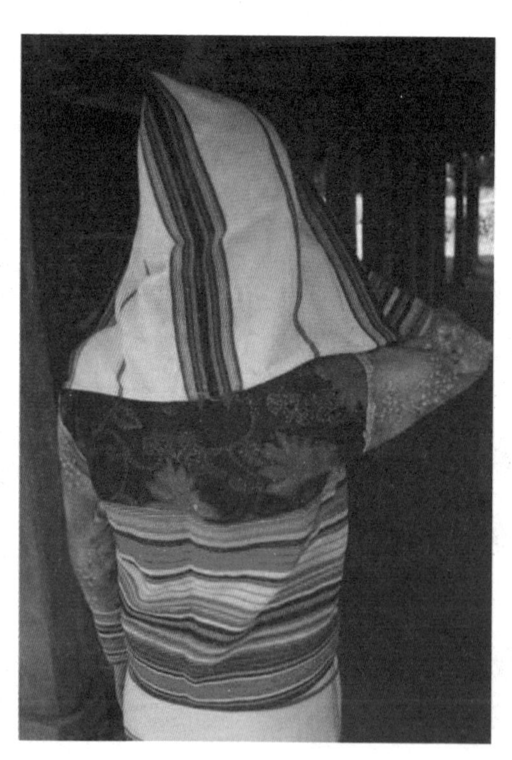

东乡族服饰背面

东乡族妇女所穿袜子由黑布缝制而成，鞋子也以蓝黑色居多。年轻女子多在鞋头上绣上一些花朵。早些时期，妇女还喜爱高 2 寸许的木底黑跟鞋。木底高跟，用黑布包缝后绱在鞋帮上，叫木底子鞋。

女孩子年幼时头发周围剃一圈，中间平分梳着两条小辫，8 岁开始留发，梳成一条辫子，结婚后挽发髻，戴一白帽，外罩盖头。

男子的服装，比妇女逊色许多。上衣中间开口，一排整齐的布挽的纽扣，领高寸许，裤齐脚踝，与汉族男子所穿的小裤褂无甚区别，在寒冷季节，则披上一件羊皮袄，一般不褂面子。羊皮袄分长、短两种，长的与大氅差不多，短的与短褂相似，皮袄都是斜襟。穿短皮袄时多系一条粗布制的腰带，这样干活轻便自如。

男子喜欢头戴号帽。号帽是一种平顶软帽，有白的，也有黑的，多用布缝制而成，富人家则用绸或线做成。平时所穿的袜子是布缝的套袜。鞋是自家做的布鞋、麻鞋，麻鞋是用晒干的胡麻草编织而成的，还有用牛羊皮自制的皮鞋，叫“杭其”，鞋掌鞋帮用一整张皮缝制，冬天里面填草末，用来暖脚。

“仲白”是东乡族男子喜用的一种礼服。“仲白”样式，类似维吾尔族的袷袢，是一种对开的大衣，暗扣，低领，一般用黑、灰色布料缝制。

◆阿昌族服饰

阿昌族的衣着民族特色最浓。姑娘爱穿蓝色、黑色对襟上衣和长裤，打黑色或蓝色包头，有的呈高耸的塔形，高达一二尺。有的则用二寸多宽的蓝布一圈圈地缠起来，包头后面还有流苏，长可达肩，前面用鲜花和极色绒珠、璎珞点缀。

有的在左鬓角戴一银首饰，像一朵盛开的菊花，上面镶玉石、玛瑙、珊瑚之类。姑娘还以银圆、银链为胸饰，颈上戴银项圈数个，光彩夺目。此外，阿昌姑娘还扎腰带，她们叫毡裙，多用自制的线和土布绣制。这与阿昌人的劳动生活有关。

据说，古时有位猎人的女儿，为了跟父亲学打猎的本领，就缝了一条腰带把腰身扎紧，勤学苦练，练得一身好武艺，其他姑娘羡慕她，也学她扎起腰带。

扎腰带时在身前留出一长一短两条扎头，既紧束腰肢，方便劳作，又飘如彩蝶，十分美观。

“高包头”

系绣花飘带黑布裙。已婚妇女梳发髻，包黑布包头，下着长筒裙，系黑布围裙。阿昌族已婚妇女的头饰独具一格，其中高包头是梁河地区已婚妇女特有的头饰，阿昌语称之为“屋摆”。已婚妇女多穿窄袖对襟黑色上衣，改着筒裙。

女子着裙或裤是区分婚否的标志。男子则以包头颜色来区别婚否。一般未婚者打白包头，已婚者打藏青色包头。

近代以来，阿昌族服饰发生了很大变化。各地男子服饰大同小异，均留短发，未婚男子包白布或黑布包头，已婚男子包藏青色布包头。穿蓝、白、黑等素色斜纹布对襟布扣袢上衣，黑色或蓝色长裤，系黑色绑腿。

未婚妇女留长发盘辫，穿白、蓝色对襟银扣上衣，黑、蓝色长裤。这种头饰用自织自染的两头坠须的黑棉布长帕缠绕在梳好发髻的头上，足有半米多高，将其展开，长达5至6米。

传说在遥远的古代，阿昌族人的家园备受外敌侵扰。在一次血战中，男子弹尽粮绝，女人送箭受阻。一位妇女想出了一个绝妙的主意，让前方男子都用布带包成高包头，后方妇女便向“高包头”射箭支援。

这样，男人既从包头上获得了支援，又迷惑了敌方，敌方也将箭误射向高包头。高包头挽救了阿昌人的性命，保卫了阿昌族家园。为了纪念这次战斗和那位妇人的机智勇敢，阿昌族妇女从此包起了高包头。

◆布朗族服饰

布朗族穿着简朴，男女皆喜欢穿青色和黑色衣服，妇女的衣裙与傣族相似，上穿紧身短衣，头顶挽髻，用头巾缠头，喜欢戴大耳环、银手镯等装饰。姑娘爱戴野花或自编的彩花，将双颊染红。

男子一般穿黑色或青色宽大长裤和对襟无领上衣缠头巾。布朗族有独特的“染齿”风俗，他们认为只有染黑的牙齿才最坚固、最美观。经过染齿的男女青年才有权谈恋爱。布朗族男子有文身的习俗，四肢、胸部、腹部皆刺以各种几何图形和飞禽走兽，然后涂上炭灰和蛇胆汁，使其不消失。

布朗族女子上着左右两祚斜

布朗族服饰

襟窄袖黑色小褂，小褂为圆领、紧腰、宽摆，短及臀部，在左肋下拴线打结，已婚妇女用黑色布料，未婚姑娘多用浅蓝色或白色。

里衫为无袖贴身夹衫，下穿两条筒裙，内裙为白色，外裙有两色，臀部以上为红色横条，腿下为绿色或黑色，用布条或花边镶饰。

未婚妇女用黑或蓝布包头；已婚妇女梳发髻，插银簪，顶端镶3颗棱形玻璃珠，下系银链，缠包头。妇女戴银耳环、项圈、手镯等饰品。

青年女子穿着艳丽。上身内穿镶花边小背心，对襟排满花条，用不同的色布拼成，有的还在边上缀满细小的五彩金属圆片，亮光闪闪。

背心外穿窄袖短衫，一般用净色鲜艳布料做成，左右大衽，斜襟，无领，镶花边，紧腰宽摆，腋下系带，打结后下面的衣摆自然提起，呈波浪状。下穿自织的筒裙，长及脚背，内裙为白色，比外裙略长，露出一道花边。

外裙的上面三分之二是红色织锦，下面三分之一由黑色或绿色布料拼缝而成，裙边用多条花边和彩色布条镶饰，用一条方块银带或多条银链系裙。脚穿凉鞋或皮鞋。

妇女留长发，挽髻，上缀彩色绒球并插很多色彩艳丽的鲜花，已婚妇女一般是彩色围巾包头，包头两端抽成须穗状，坠在头的左右两侧。戴银钏，少则十几圈，多则几十圈。

◆土家族服饰

男子头包青丝帕或青布，白布帕长2至3米，包成人字形，没有完全盖住头发。较古老的上衣叫“琵琶襟”，安铜扣，衣边贴梅条、绣“银钩”，后来逐渐穿满襟衣和对胸衣，青年人多穿对胸衣，正中安五至七对布扣。

裤子是青、蓝布加白布裤腰，鞋子是高粱面白底鞋，鞋底厚。

女鞋较讲究，除了鞋口滚边挑“狗牙齿”外，鞋面多用青、蓝、粉红绸子。鞋尖正面用五色丝线绣各种花草、蝴蝶、蜜蜂。

土家族妇女服饰上的衣袖与裤脚图案完全采用“挑花”法，也就是在布上用针刺上连贯的“小十字”，联成线条或方块，再组合成花鸟鱼虫等图案。

在构图中，运用色彩变换，体现出律动感觉。用绿、红、黄或黄、绿、红，这种形同色异，不换形而换色的方法，促使呆板的、单一连续的纹样丰富起来，艳丽多姿，给人以美的享受。这些精巧的服饰，可说是土家族人的智慧，是民族服饰的珍品。

土家族服饰的结构款式以俭朴实用为原则，喜宽松，虽然结构简单，但是注重细节，衣短裤短、袖口和裤管肥大。男女老少皆穿无领滚边右衽开襟衣，衣边衣领会绣上花纹，绣工精细，色彩艳丽，具有浓厚的民族特色。

土家族服饰

土家族妇女穿的是无领满襟衣，

衣向左开襟。从上领到下摆到衣裙脚绣有一寸五宽的花边，衣袖各有一大二小的三条花边，大花边一寸五宽，小花边有手指宽。袖大一尺二寸许，花边宽窄与衣袖相同，裤大约一尺五寸。

另外，胸前外套围裙，俗称“妈裙”，围裙上为半圆形，下为三角形，下脚也有一圈花边，宽约一寸。围裙胸前绣的花约五寸见方，围带即花带均为五彩丝线织成，一般二尺长。

土家族小孩一般戴猫头尾巴帽，帽子前额有用金银打就的十三个佛像，中间大的一个为观音坐像，两边钉有十八罗汉像。

虎帽两侧至两腮前有银勾，用于小孩系帽用，帽顶两侧有用白兔毛做成的虎耳，前面挂银铃，虎帽用大红绸缎做面料，前檐绣有一个“王”字，后脑绣有双龙抢宝等图案，胸前挂金锁银牌，上打有“福、禄、寿、禧”字样，帽后悬有金链银梁。

小孩的鞋也为老虎鞋，用红绸缎做面料，鞋尖向后翻，两耳插上兔毛，前绣一个“王”字，两侧绣花。

土家族是崇尚虎的，小孩穿戴虎帽、虎鞋是受虎的“围抚”，邪恶不敢侵害，可避邪壮威，也可使小孩显得天真活泼，伶俐威武。

◆德昂族服饰

昂族的服饰，具有浓厚的民族色彩，尽管各支系间的服饰都有差别，但仍不失其共同特点，加之他们的服饰与民间流传的美妙动听的故事紧密相连，更给人神奇和深刻的印象。

男子多穿蓝、黑色大襟上衣和宽而短的裤子，裹黑、白布头巾，青年多用白色，中老年用黑色，巾的两端饰以彩色绒球，也戴大耳环和银项圈。

妇女多穿藏青色或黑色的对襟短上衣和长裙，上衣襟边镶两道红布条，用四五对大方块银牌作钮扣，长裙一般是上遮胸下及踝骨，并织有鲜艳的彩色横线条。

德昂族妇女不留发，剃光头，用黑布绕包头，包头两端如发辫垂在背后，唐代史书描写她们是出其余垂后为饰。

德昂族妇女的彩色横条纹裙子醒目而别致。

传说在远古时候，德昂族杀牛祭祀，三个姐妹帮忙按牛，牛在地上挣扎，牛尾上沾染的血甩在她们的裙子上。后来，她们便各自按着裙上血渍的位置和颜色深浅织制了新筒裙，从此流传至今。

还传说，她们在吃牛肉的时候，不小心把牛血滴落在胸前，将衣襟染红。所以，德昂族妇女胸前都缝有两条红布，这就是牛血染红衣裳的标记。

妇女衣裙因民族支系不同，有花、红、黑三种色调的不同称谓，不同支系的妇女，多用裙边横织的线条颜色加以区别。

“花崩龙筒裙”下边镶有四条白带，带之中有16.5厘米宽的红布相饰。

“红崩龙筒裙”横织着显著的红色线条。

“黑崩龙筒裙”上织几条深红色布带，其间衬夹着几条小白带。

德昂族妇女还有在腰部装饰“腰箍”的传统习俗。她们的腰箍多用藤篾或竹篾制成，宽窄粗细不一，多漆成红、黑、黄、绿等颜色。行走时，腰箍随着双脚的移动而伸缩弹动，叮叮作响，成年的姑娘腰部均佩带腰箍，通常的系十多根，多的达到三十根左右。

关于腰箍的来历，有个神话传说。相传很久以前，德昂族祖先出自葫芦中。当初从葫芦里出来的人长得一模一样，分不出彼此，妇女出了葫芦就东游西逛，不愿意和男人一起生活。

后来，一位神仙把人们的面貌区分开了，男人又将藤篾腰箍拴在妇女的腰上，从此，妇女就再也飞不动了。后来，腰箍就变成了妇女的一种美丽饰品，流传至今。

◆景颇族服饰

景颇族的服饰风格粗犷豪放。

景颇族男子多穿黑色圆领对襟上衣，下身穿短而宽大的黑裤，包黑布或白布头巾，头巾两边以彩色小绒球作为装饰。

出门时肩上挂筒帕，腰间挎长刀，简直就是一个气宇轩昂、矫勇彪悍的武士。景颇族女子多穿着黑色对襟或左衽短上衣，下身穿黑红相间的筒裙，用黑色布条缠腿。

节庆时，盛装的女子上衣上都镶有很多的大银泡，领上佩戴六七个银项圈和一串响铃式银链子，耳朵上戴一对很长的银耳环，手上戴着粗大且刻有花纹的银手镯作为装饰。行走舞动时，银饰叮当作响，别有一番韵味。

许多景颇族女子还将藤圈涂上红色或黑色的漆，围在腰间

景颇族服饰

来装扮自己，她们认为藤圈越多就越美，是一种独特的审美观。

景颇族人平时的装束很普通，男子与汉族人的穿着没有什么区别，男子一般穿黑色对襟短衣，裤腿短而宽。只有部分老年人还穿大襟上衣和宽松肥大的裤子，把辫子缠在头顶上，裹以黑布包头。

妇女一般穿衣领周围缀满银泡银链的大襟短上衣，穿自织粗布做成的长衣筒裙，颜色多为深色。老年妇女大都穿较宽的蓝色或黑色短上衣，头发挽在头顶，外裹黑色包头。

◆撒拉族服饰

撒拉族的传统服饰，颜色鲜艳明快，富有民族特色。撒拉族服饰已被列入第二批国家级非物质文化遗产名录。

撒拉族男子多穿白衬衫、黑坎肩，束腰带，下身穿长裤，脚穿“洛提”或布鞋，头戴黑色或白色的圆顶帽。

腰带多为红、绿色，长裤则多为黑、蓝色。冬季，男子穿光板羊皮袄或羊毛褐衫，富有者则在外面挂上布或毛料面。

妇女穿短上衣，外套黑色或紫色坎肩，下身穿长裤，脚穿绣花布鞋。喜欢戴金、银戒指和玉石、铜或银制的手镯及银耳环等首饰。少妇戴绿色盖头，中年妇女戴黑色的，老年妇女戴白色的。

◆门巴族服饰

门隅门巴族的男女戴一种别具特色的帽子，门巴语叫“八拉嘎”，帽顶是用蓝色的或者是黑色的氆氇做成，帽子的下部是用红色的氆氇做成的，翻檐是黄褐色绒包蓝布边，并要留一缺口，戴帽子的时候，男子的缺口在右眼上方，女子的缺口往后，邦金以下戴盔式帽子，还要插上孔雀翎。帽子的下檐有若干条穗。

门隅的门巴族穿红色的软靴，墨脱门巴族多是赤足。有的门巴族人胸前要挂上“噶乌”，认为这样可以护身。无论男子还是女子都戴铜质或者银质的手镯。

门巴族服饰

平时出门，妇女背披小牛皮，既可以保护衣服，又可保温御寒，男子腰间佩戴一把带鞘的砍刀，既是装饰物又作为砍柴和防身的工具。

◆塔塔尔族服饰

塔塔尔族的女子服饰装束接近欧洲民间服饰，男子服饰与维吾尔族相似。女子上穿窄袖花边短衫，下着褶边长裙，外套绣花紧身小坎肩，头上的纱巾系向脑后打结，腰间围一条绣花小围裙。脚穿长筒袜、皮鞋。

耳环、手镯、戒指、项链、领口上的别针，是女子通常的装饰品。塔塔尔族的服饰干净、整洁、艳丽，男子戴小花帽，穿绣花贯头衫，腰系三角绣花巾，外套对襟无扣短衣或“袷袢”，下着长裤，脚穿高筒皮靴。牧区妇女喜欢把银质或镍质的货币钉在衣服上。

塔塔尔族男子一般多穿套头、宽袖、绣花边的白衬衣，外加齐腰的黑色坎肩或黑色对襟、无扣的长衣，下配赤色窄腿长裤。农民、牧民喜欢扎腰带，行动起来比较方便。

塔塔尔族妇女多穿宽大荷叶边的连衣裙，颜色以黄、白、紫红色居多。

塔塔尔族男子喜欢戴绣花小帽和圆形平顶丝绒花帽；冬季戴黑色羔皮帽，帽檐上卷。塔塔尔族妇女戴嵌球小花帽，外面往往还加披头巾。特别喜欢佩戴耳环、手镯、戒指、项链等首饰。

塔塔尔族妇女的服饰艳丽而且大方。

头戴镶有很多色珠的绣花小帽，帽上披一块彩色透明的纱巾，戴着金、银、珠、玉等各种质地的耳环、项链、胸针、手镯、戒指等不可缺少的饰物。

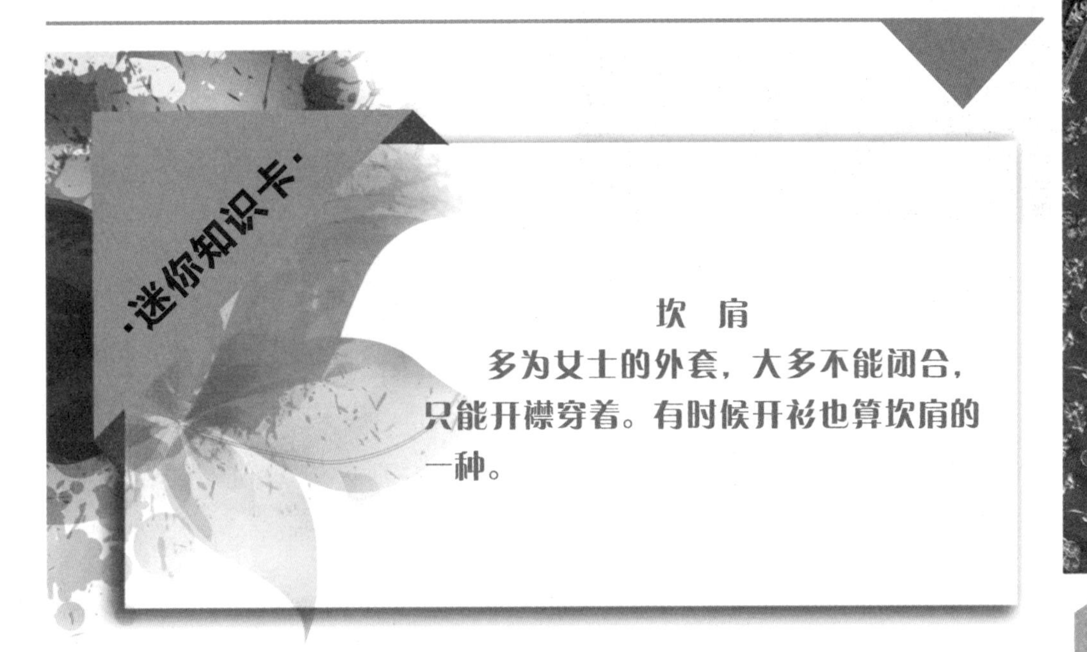

坎　肩

多为女士的外套，大多不能闭合，只能开襟穿着。有时候开衫也算坎肩的一种。

第七章

民间服饰历史源远流长

民族服饰之花

追求美是人的天性，衣冠于人，如金装在佛，其作用不仅在遮身暖体，而且具有美化的功能。

服饰出现后，人们就便将生活习俗、审美情趣、色彩爱好、宗教观念积淀于服饰之中，构筑成了服饰的文明内涵。

◆满族服饰

满族服饰主要有四种形式：旗装、马褂、坎肩、套裤。旗装不分季节，男女均可以穿。

马褂则是有身份地位的富裕男人在春秋、冬季时的穿着。

“寸子鞋”

坎肩是女人的外套。套裤是无裤腰的棉裤筒，以两条背带固定，多为老年妇女在冷天的穿着。满族人穿长裤与其他民族不同的是必须扎系的腿带，以便出行。

男人的鞋为布底纳绑，鞋脸镶嵌双皮条。冬天穿猪皮或牛皮靴，年迈老人多数穿高腰毡鞋。女人穿鞋下窄上宽、鞋脸尖端、突出上翅、两侧绿花、形似小船的木底高桩鞋。具体有马蹄底鞋、花盆底鞋、平底鞋、方头鞋、尖头鞋。

满族人佩戴的饰品分骨饰、石饰、珠饰、金银饰等。戴哪一种首饰要根据地位身份，因此首饰的好坏可以看出地位的高低、家庭的贫富。

旗装是满族妇女传统服饰。旗装的特点是立领，右大襟，紧腰身，下摆开衩。古旗装有琵琶襟、如意襟、斜襟、滚边或镶边等。

女式旗装基本与男式相同，只是多一些装饰而已。女式旗装也是直立式的宽襟大袖长袍，下摆及小腿有绣花纹饰。

满族妇女往往在衣襟、领口、袖边等处镶嵌几道花纹或彩牙儿，俗称“画道儿”或“狗牙儿”。根据季节变化，旗装还可分为单、夹、棉、皮等几种。

随着社会的发展，男旗装逐渐废弃，女旗装则不断演化，由宽腰直筒式逐渐变成紧身合体的曲线型、流线型。

旗装是满族男女老少一年四季都穿着的服饰，它裁剪简单，圆领，前后襟宽大，而袖子较窄，，衣衩较长，便于上马下马；窄窄的袖子，便于射箭。

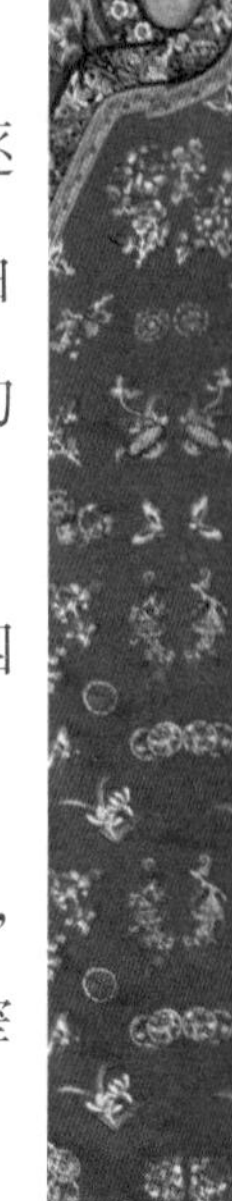

由于袖子口附有马蹄状的护袖，又称马蹄袖。在满族人逐渐脱离骑射生涯后，马蹄袖虽然已成装饰，但是放下马蹄袖仍然是满族人对长者、尊者致敬的礼仪。

满族男子穿的旗装，其样式和结构都比较简单，原为满族骑射时穿用的圆领，大襟，窄袖，四面开衩，左衽，带扣绊，束带，适于骑马射猎。

有一种女式旗装叫“大挽袖”，把花纹绣在袖内，“挽”出来更显得美观。满族妇女所穿旗装，从样式到做工都十分讲究。在旗装领口，衣襟，袖边等处镶嵌几道花条或彩牙儿，有的还要镶上18道衣边才算是美。

满族的女式旗鞋，称为“寸子鞋”，亦称“马蹄底鞋”。在鞋底中间即脚心部位嵌上3寸多厚的木头，用细白布包上，木跟不着地的地方，常用刺绣或穿珠加以装饰，因鞋底平面呈马蹄形，所以得名。还有一种鞋的底面呈花盆形状，称为“花盆底鞋”。老年妇女和劳动妇女所穿旗鞋以平木为底，称为平底绣花鞋，亦称“网云子鞋”。

满族的女鞋表面都有绣花，而袜子多为布质，袜底也纳有花纹。满族妇女的鞋底高达三四寸，后京师旗妇有七八寸者。木底四周包裹白布。鞋面，富家多以缎为质，贫者布为之，皆彩绣花卉图案，素而无花者，最为禁忌，以其近凶服。贵族妇女常在鞋面

满族服饰

上饰以珠宝翠玉，或于鞋头加缀璎珞。少女至十三四岁始用。

满足女子盘头翅，梳两把头或旗髻。喜戴耳环、手镯、戒指、头簪、大绒花和鬓花等各种装饰品。

满族男女都喜爱在腰间或衣服的大襟上挂佩饰。男子有火镰、耳勺、牙签、眼镜盒、扇带。女子有香囊、荷包等。大多用绸缎缝制，花色品种繁多，制作精美。

◆朝鲜族服饰

朝鲜族的服饰发展有着一定的历史渊源，已被列入第二批国家级非物质文化遗产名录。

朝鲜族服装的特点是斜襟，无纽扣，以长布带打结。朝鲜族男女的传统服装迥然不同。男子的裤裆肥大，易于盘腿而坐，裤脚系上丝带，并喜欢在上衣加穿带纽扣的有色坎肩，但不镶边，颜色多为灰、棕、黑色，出访时再加穿长袍。

男女所穿的上衣，在斜襟上都镶着白布边。这种白布边可以经常拆洗，使衣服保持干净。传统的朝鲜族女装，其特点是袄短裙长。

袄的衣领同襟连成一条斜线，衣襟右掩，没有纽扣，以黄袄粉裙为典型。袄长及至现在上衣三个纽扣之上，裙长及膝盖或脚面。

袄袖肥大且呈圆弧形，左右衣襟以两根长长的结带在右胸前打一个蝴蝶结，长长的飘带给人以飘逸的美感。袄的领口、袖口多以不同颜色的布条镶边。年轻妇女和少女在袄袖口和衣襟上镶有色彩鲜艳的绸缎边，袄的面料色彩缤纷，亦有专一谐调、淡雅为基本格调的筒裙和缠裙。缠裙把裙子的右侧下摆稍稍提起，掖在左侧后背腰带上，十分巧妙地

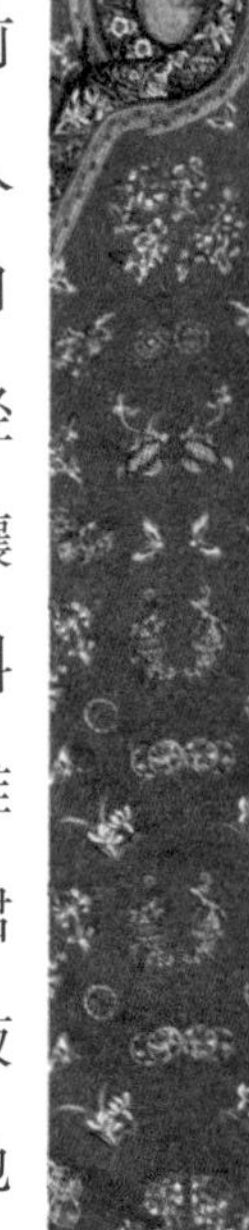

勾勒出女性优美的线条。

朝鲜族老年妇女喜着素白衣裙，并习惯用白绒布包头。到冬天，加穿以毛皮为里、绸缎为面的坎肩。

中老年妇女多穿缠裙，不穿筒裙。穿缠裙时，必须在里面加穿素白色的衬裙。筒裙是缝合的筒式裙子，但与其他民族的筒裙不一样，它的腰间有许多细褶，上端还连上一个白布小背心，前胸开口扣纽扣，穿时从头部往下套。这种裙长过膝盖，利于劳动、步行。

朝鲜族老年妇女旧时衣着以白、灰最常见，袄裙外多配以带兔毛等毛边的坎肩，坎肩两襟由一块椭圆形玛瑙坠子连接。现在，老年人也和年轻人一样喜着五彩缤纷、质地精良的短袄长裙，却很少有人系白头巾。

朝鲜族的童装以颜色绚丽为特色，童装的款式和大人的基本相同。

童装的衣料多选用粉、绿、黄、蓝等色彩的锦缎。幼儿上衣的袖筒多用七色缎做料，穿在身上好像身披彩虹一般，因此这种衣服被称作彩虹袄。

◆壮族服饰

壮族男子一般着以当地土布制作的黑色唐装。上衣短领对襟，缝一排布结纽扣，胸前缝一对小兜，腹部有两个大兜，下摆往里折成宽边，并于下沿左右两侧开对称裂口。穿宽大裤，短及膝下。有的缠绑腿，扎头巾。劳动时穿草鞋，节日穿宽口布鞋。

壮族女戴黑头巾，穿藏青或深蓝色短领右衽偏襟上衣，有的在颈口、袖口、襟底绣有彩色花边。有一暗兜藏于腹前襟内，随襟边缝制数对布结纽扣。下穿宽肥黑裤，也有的于裤脚沿口镶两道异色彩条，腰扎围裙。劳动时穿草鞋，戴垫肩。在赶圩、歌场或节日里穿绣花鞋。

壮族花鞋是刺绣工艺品，又称“绣鞋”，为妇女所用。绣鞋的鞋底较厚，多用砂纸做成。针法有齐针、拖针、混针、盘针、堆绣、压绣等。

在色彩上，年轻人喜用亮底起白花，常用石榴红、深红、青黄、绿等艳丽颜色，纹样有龙凤、双狮滚球、蝶花、雀等．老年人多用黑色、浅红、深红等厚色，纹样有云、龙、天地、狮兽等。

壮族儿帽是壮族头饰工艺品，20 世纪 30 年代流行于广西龙州壮族地区。

壮族刺绣工艺流行于广西壮族的居住地区，尤以龙州县城关镇为盛，历史最为悠久。主要用黑刺红、深绿等色。先以剪纸贴

壮族服饰

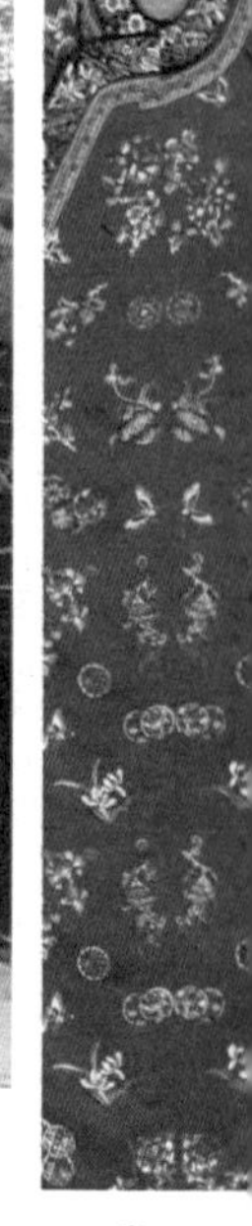

于绸、布，后按设色意图用平针、抢针、盘针等法绣制。

图案纹样喜用二龙戏球、独龙、双凤朝阳、凤穿牡丹、狮子滚球及蝴蝶、花鸟、万字、人物、吉祥如意形等，色彩以原色、间色、复色反复运用，对比强烈，艳丽悦目。通常用作花鞋、花帽、胸兜、帐帘、坐垫、荷包和服装等。

◆维吾尔族服饰

维吾尔族服饰色彩鲜明、工艺精湛，具有鲜明的民族文化特色，现已被列入第二批国家级非物质文化遗产名录。

维吾尔族将外衣统称为“袷袢”。这些衣服多用黑、白布料，蓝、灰、白、黑等各种本色团花绸缎料等制作。

“袷袢”是现代的维吾尔族民族式男装，与古代形式虽然相似，但现代的民族服饰讲究面料的质地，宽松合体，典雅大方。式样多以长外衣过膝，对襟、长袖过手指、无领、无纽扣，一拢腰巾束系，既紧身连体，又舒畅保暖。

“袷袢”喜用彩色条状绸作面料，这是一种深受欢迎的传统式衣料，名“切克曼”，其次是“拜合散”，它织造细密，衣质轻软，是缝制“袷袢”的好面料。

老年入的服饰则以黑色、深褐色等布料裁制，显得古朴大方。下身多着青色长裤，盖及脚面。讲究的男裤则在裤角边继饰花卉纹样，多以植物的茎、蔓、枝藤组成连续性纹饰，显得雅致美观。

夏季青年男装为白色布面料缝制成合领式衣，其领口、前胸、袖口皆绣饰花边，腰部束绣花“波塔”，其名“托尼”或“叶克台克”，此衣装不仅淡雅、凉爽，穿着也极便利，再配上青色长裤，着皮靴。

维吾尔族的裤子过去通常为

大裆裤，样式比较简单，分单裤、夹裤、棉裤三种，主要用各种布料做，也用羊皮、狗皮等做。男裤通常比女裤短，裤角窄一点。

维吾尔妇女爱穿裙装，喜选择鲜艳的丝绸或毛料裁制裙装，常见的有红、大绿、金黄等色的质料，内穿淡色对裙。她们偏爱用本民族独创的“艾得来丝绸”缝制连衣裙。

维吾尔族妇女衣服式样很多，主要有长外衣、短外衣、坎肩、背心、衬衣、长裤、裙子等。过去维吾尔族妇女普遍穿色彩艳丽的连衣裙和裤子。

裙子大都是筒裙，下摆宽大，长及腿肚子。维吾尔族妇女除用各种花色的布料做连衣裙外，最喜欢用艾德来斯绸，这是一种专门用来做衣裙的绸子，富有独特的民族风格。

维吾尔族妇女多在连衣裙外面穿外衣或坎肩。裙子里面穿长裤，裤子多用彩色印花布料或彩绸缝制，讲究的用单色布料做裤，然后在裤角绣上一些花。

维吾尔族服饰

妇女的长外衣主要有合领、直领两种，年轻妇女喜欢穿红、绿、紫等鲜艳

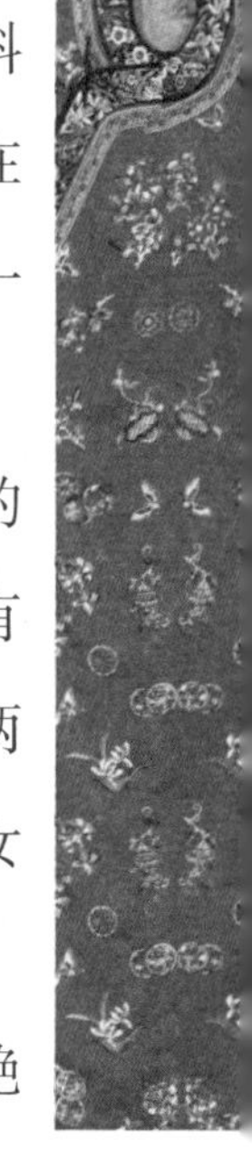

的颜色，老年妇女喜欢穿黑、蓝、墨绿等团花、散花绸缎或布料，衣服上缀有铜、银、金质圆球形、圆片形、橄榄形扣袢，讲究的在衣领、袖口等处绣花。女式短外衣有对襟短上衣、右衽短上衣、半开右衽短上衣三种。

维吾尔族妇女喜欢在衣服领口、胸前、袖口、肩、裤脚等处绣花。男子穿的服装上也绣有花纹，主要在合领衬衣的领口、胸前、袖口等绣花，呈现了维吾尔族浓郁的装饰美感。

维吾尔族妇女非常喜欢戴耳环、戒指、项链、胸针、手镯等。女孩子从五六岁开始，甚至更早就开始扎耳眼，佩戴耳环。

每逢节日盛会、走亲访友，

维吾尔族服饰

维吾尔族妇女就把绚丽多彩、斑斓夺目的首饰戴齐全，穿上鲜艳的衣裙，更增无限风韵。

维吾尔族以长发为美，妇女多喜欢梳长辫。过去未婚少女多喜欢梳很多小辫，婚后改梳两条长辫子，但仍留刘海和在两腮处对称向前弯曲的鬓发。辫梢散开，头上喜欢别一把新月形的梳子作为装饰，也有把双辫盘结成发结的。

在维吾尔族的服饰中，和田地区的于田、民丰、且末一带妇女服饰与其他地方的维吾尔族妇女的服饰不同，有其独特的特点。她们多头披白纱巾，头右侧戴顶“塔里帕克”小帽，这种帽子口大顶小，直径约8厘米左右，形如扣碗，远看如一朵花，别有一番情趣。

她们的长裕袢有依次排列七条尖头对称的蓝色绸补条形图案，袖领、底部有同样颜色绸单边缘。内着一件配套合领半开口套头衬衣，衬衣右侧依次排列九条呈扇面形，绣成宽条形图案，圆领口处有一条宽边，底口绣有羊角纹和碎花纹，领中部有两条相同颜色的绳带。

◆回族服饰

回族服饰是回族文化传承的重要载体，已被列入第一批国家级非物质文化遗产名录。

回族服饰的主要标志在头部。男子都喜爱戴用白色制作的圆帽。圆帽分两种，一种是平顶的，一种是六棱形的。讲究的人，还在圆帽上刺上精美的图案。

回族妇女常戴盖头。盖头也有讲究，老年妇女戴白色的，显得洁白大方；中年妇女戴黑色的，显得庄重高雅；未婚女子戴绿色的，显得清新秀丽。

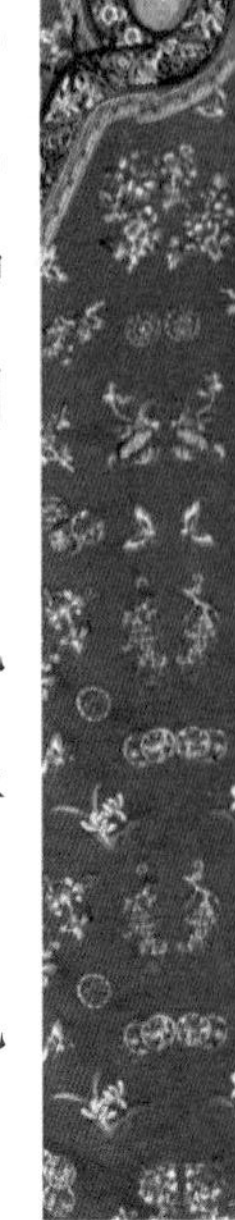

不少已婚妇女平时也戴白色或黑色的带檐圆帽。

服装方面，回族老汉爱穿白色衬衫，外套黑坎肩。回族老年妇女冬季戴黑色或褐色头巾，夏季则戴白纱巾，并有扎裤腿的习惯。

青年妇女冬季戴红、绿色或蓝色头巾，夏季戴红、绿、黄等色的薄纱巾。山区回族妇女爱穿绣花鞋，并有扎耳孔戴耳环的习惯。

回族男女都爱穿坎肩，特别是回族男子喜欢在雪白的衬衫上套一件适体的对襟青坎肩，黑白对比鲜明，清新、干净、文雅。他们也有很多带有精美伊斯兰图案和各种花色的坎肩，穿在身上给人感觉很利索、干练。

回族人民会根据不同的季节，穿不同的坎肩，有夹的、棉的，还有皮的。既可当外套，又可穿在里面。

回族男子的青坎肩，在襟边、袋口处用针扎出明线，使衣服各边沿平挺工整，突出服装造型的线条美，同时用相同的衣料做小包扣，显得雅致。

皮坎肩选料讲究，要用胎皮和短毛羊皮，缝成后轻、柔、平、展。冬天穿上这种皮坎肩，再穿上一件外套，既轻便保温，又和谐、不臃肿。

传统回族男子的鞋，一般都是自制的方口或圆口布鞋，也有用麻和线自制的凉鞋。

回族男子还喜欢随身佩带一

回族服饰

把小刀，俗称腰刀，挂腰刀，一是为了装饰，二是为了随时宰牲口、救牲口。

回族妇女的衣着打扮也是很有特点的。在戴盖头前，有的将头发盘在头顶，有的留把把头，将头发盘在脑勺后，戴上帽子后再戴盖头。

回族妇女还喜欢在盖头上嵌金边，绣风格素雅的花草图案，看上去清新、秀丽、明快。随着时代的发展，有些青年回族女性的盖头也有了一些样式、色彩上的变化，显得更加活泼和大方。

回族妇女的传统衣服一般是大襟为主，装饰内容很丰富。少女和已婚妇女很喜欢在衣服上嵌线、镶色、滚边等，有的还在衣服的前胸、前襟处绣花，色彩鲜艳，形象逼真，起到画龙点睛的作用。

回族女装都是右边扣扣子，扣子是自己用料子制作的。传统回族女子的鞋喜欢在鞋头上绣花。袜子主要讲究遛跟和袜底，遛跟袜大都绣花，袜底多制成各种几何图案，也有绣花的。

◆蒙古族服饰

蒙古族服饰是蒙古族传统文化不可分割的组成部分，已被列入第二批国家级非物质文化遗产名录。

蒙古族男女老少一年四季都喜欢穿长袍，春秋穿夹袍，夏季着单袍，冬季着棉袍或皮袍。男袍一般者比较宽大，尽显奔放豪迈。女袍则比较紧身，以展示出身材的苗条和健美。

男装多为蓝、棕色，女装则喜用红、粉、绿、天蓝色。腰带是蒙古族服饰重要的组成部分，用长三四米的绸缎或棉布制成。

蒙古族中年男子冬天穿大襟皮大衣，布面以黑、蓝为多。无

布面的大衣一般在衣袖和衣边用黑布或蓝布加缝约三指宽的布边，有的用羊羔皮加边。

妇女的服饰以长袍为主。少女夏天穿的长袍有两种，一种有大襟的叫“拉布西克”；另一种从中间系排扣（银扣或布扣）到腰以下，左前襟加宽，叫“比西米特”。

长袍上绣有各种图案花边。腰上缠红、绿、黄色的绸子或布带，头上缠绣花白布头巾，喜戴戒指、手镯和耳环。

已婚妇女穿“铁尔勒克”，外套“切格德克”，不穿“拉布西克”。有的穿无袖长袍“别日孜”，腰部左右系带，不用纽扣。帽子上缝有银饰物，帽顶有一条垂到后腰的红色长穗子。已婚妇女的长袍均不系腰带。老年妇女的衣服不用色线绣花边，帽子上无银制饰物。

蒙古靴子是蒙古民族服装的配套部件之一。分布靴、皮靴和毡靴三种，根据季节选用。布靴用高级布料或大绒制作，靴头和靴筒上往往以金丝线绣花。图案新颖艳丽，具有浓厚的民族特色。

蒙古靴是蒙古族人民在长期的劳动生产和日常生活中创造出来的。骑马时能护踝壮胆，勾踏马镫；行路时能防沙防害，减少阻力，还能防寒防蛇。

蒙古礼帽一般用精致呢料制作，是一种椭圆形的、四周有一

蒙古族头饰

圈宽边檐的帽子，多为黑色、棕色或灰色。帽筒前高后低，帽顶中央稍凹陷，帽筒与帽檐相接处，缀以花纹镶边。穿蒙古袍或西服时佩戴礼帽，显得文雅美观。蒙古坎肩是蒙古民族服装的配套服饰之一，是蒙古长袍的一种外套，始于元代。

蒙古妇女穿坎肩，一般不扎腰带。坎肩无领无袖，前面无衽，后身较长，正胸横列两排纽扣或缀以带子，四周镶边，对襟上绣花。

“顾古冠”是元代蒙古族已婚女子流行的高冠，是一种具有浓厚民族色彩的艳丽的首饰。这种高冠，一般采用桦树皮围合缝制，成长筒形，冠高约1尺，顶部为四边形，上面包裹着五颜六色的绸缎、缀有各种宝石、琥珀、串珠、玉片及孔雀羽毛、野鸡尾毛等装饰物，制作精美，绚丽多姿。

◆哈尼族服饰

哈尼族以黑色为美、为庄重、为圣洁，将黑色视为吉祥色、生命色和保护色，因此黑色是哈尼族服饰的主色调。

哈尼族服饰上的装饰物品和刺绣图案，实质上都是自己民族生存区域地理环境的折光，也是对祖先英雄业绩的缅怀和记述。

近代，由于棉纺品、中长纤维织品大量进入哈尼族聚居区，哈尼族的衣服已是色彩纷呈。目前连衣裙、迷你裙、中山装、西服等新潮服装已被哈尼族青年壮年所接受，形成传统服饰与现代服饰相结合的新潮流。

哈尼族用自己染织的藏青色小土布做衣服。男子多穿对襟上衣和长裤，以黑布或白布包头，老年人多戴瓜皮帽。

西双版纳和澜沧地区的哈尼族人穿右襟和对襟上衣，沿襟镶两行大银片和银币，两侧配以几何纹布，以黑布包头。

妇女服饰虽因地而异，却较多地保持了本民族的特色。红河等地区穿右襟无领上衣，以银币做纽扣，下穿长裤。盛装时外加一件披肩，有的还系花围腰，打花绑腿。在衣服的托肩、大襟、袖口及裤脚上，都镶上几道彩色花边，坎肩则以挑花做边饰。

墨江哈尼族人口多，服饰因支系有别："豪尼"穿无领右襟青布衣，下着及膝短裤，腰系白带，头包蓝布或彩色头巾；西双版纳和澜沧一带的妇女，下穿及膝的折叠短裙，打护腿。平时多赤脚，年节穿绣花尖头鞋。

少女或青年妇女喜爱以银链和成串曲银币、银泡作胸饰，戴耳环或耳坠，澜沧、孟连等地喜戴大银耳环。蓄发编辫，少女多垂辫，婚后则盘结于头上。以黑或蓝布缠头或制作各式帽子，上镶小银泡、料珠，或坠上许多丝线编织的流苏。

妇女成婚前后，服饰有明显区别：红河、墨江一带未婚垂辫，已婚盘于顶；墨江部分少女头戴青布小帽，系白色或粉红色围腰，婚后取帽，改系蓝围腰，西双版纳及澜沧哈尼族的未婚妇女裙子系得高，紧接上衣，已婚则系得低。

哈尼族男子多穿对襟上衣和长裤，以青或白布裹头。西双版

哈尼族头饰

纳哈尼族男子爱沿衣襟镶两行大银片和银币，两侧配以几何纹布。

多数地区的妇女穿右襟无领上衣，以银币为扣，下穿长裤。衣服的托肩、大襟、袖口和裤脚镶彩色花边，胸前挂成串的银饰。西双版纳一带的哈尼族妇女，上穿挑花短衣，下穿及膝的折叠短裙，头饰繁富。

红河哈尼族姑娘有的也佩戴鸡冠帽，其式样接近彝族鸡冠帽；有的妇女则戴一种额头正中缀满银泡、有弧线的三角形帽，似鸡冠帽而略有变化，十分别致，不落俗套。另一支系的“奕车”妇女则常戴一尖形披肩帽，穿无领开襟短衣和紧身短裤，适于梯田劳作。

◆傈僳族服饰

傈僳族妇女的服饰样式主要有两种：一种上着短衫，下穿裙子，裙片及脚踝，裙褶很多；另一种上穿短衫，下着裤子，裤子外面前后系小围裙。

傈僳语称妇女的短衫为“皮度”，短衫长及腰间，对襟，满圆平领，无纽扣，平时衣襟敞开，天冷则用手掩，或用项珠、贝、蚌等压住。

有的袖口以黑布镶边，衣为白色，黑白相配，对比强烈。由于各地傈僳族所穿麻布颜色的差异，就分黑、白、花傈僳三种。黑白傈僳妇女，普遍穿右衫上衣，麻布长裙，已婚妇女耳戴大铜环，长可垂肩，头上以珊瑚、料珠为饰。年轻姑娘喜欢用缀有小白贝的红线系辫。有些妇女还喜欢在胸前佩一串玛瑙、海贝或银币。海贝上刻有简单的横竖纹或钻以小圆孔，有些贵重的胸饰可值一至二头黄牛。

有些妇女不穿长裙而穿长裤，

傈僳族服饰

子编成的斗帽，傈僳语称“吾底”，维西傈僳族妇女一般裹头帕头巾，上缀贝壳、料珠。

澜沧江一带的傈僳族妇女在额前戴一串齐眉粒珠，别具风采。有的上衣内穿白底黑纹短装，外罩大红或深黑色坎肩，下系百褶裙，有的在裙外腰间系一小围裙，青布包头，耳戴小珊瑚一类的饰品。妇女均喜在上衣及长裙上镶绣花边，行走时长裙摇曳摆动，色彩翻飞，非常漂亮。

女子在年幼时，头顶留三个尖角发，此后逐年增多，到十五岁时蓄满。头顶用羊毛织成的带面再系上风格独特的刺绣围腰。百褶裙分长裙和短裙两种，长裙拖到脚面，短裙及膝，穿短裙时要裹上绑腿。

傈僳族男子都穿麻布长衫或短衫，裤长及膝。有的以青布包头，有的蓄发，将发辫缠于脑后。

傈僳族男女都喜好斜挎缝制

精细、刺绣精巧的“腊表”，即一种挎包。男子外出身必背长刀和弩弓箭包。

◆俄罗斯族服饰

俄罗斯族男子多穿长及膝盖的套头衬衫和细腿裤，春秋穿粗呢上衣或长袍，冬天则穿羊皮短衣或皮大衣，喜庆节日穿彩色衬衣。

妇女在夏季穿粗布衬衣，外套无袖、高腰身的对襟长袍，下穿毛织长裙。喜庆节日穿绸制的绣花衬衣。男女都穿毡靴、皮靴和皮鞋。

俄罗斯族人的服饰丰富多彩，人们在不同季节里选择不同颜色、不同款式的衣着。

男子夏季多穿丝绸白色直领汗衫、长裤，腰扎带子，春秋季节则外穿茶色或铁灰色西装，佩戴各色宽叶领带。也有少数人穿白色、宽袖口的绣花衬衫和灯笼裤，头戴八角帽。冬季穿翻领皮大衣或棉衣，戴羊皮剪绒皮帽，穿高筒皮靴或毡靴。

妇女夏季多穿淡色、短袖、半开胸、卡腰式、大摆绣花或印花的连衣裙。

春秋季节多穿西服上衣或西服裙，头戴色彩鲜艳的呢礼帽，上面插着羽毛做装饰，冬季穿裙子，外套半长皮大衣，脚穿高筒皮靴，头戴毛织大头巾。

男女汗衫的衣领、袖口和前胸等部位缀精美细密的刺绣几何图案或花草图案，色彩鲜艳，对比强烈。

老年人的衣着保持了传统的款式，男的大多穿制服、马裤、皮靴或皮鞋，也有穿分岔长袍，大裆长裤的；女的大多穿无领绣花短衣，下穿自织的棉布长裙，腰系一条花布带，也有穿连衣

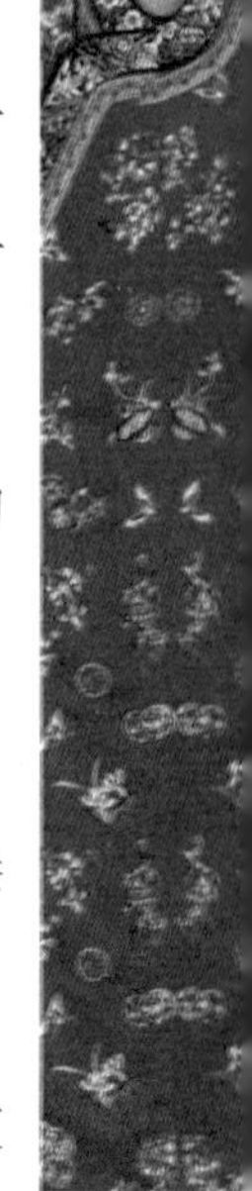

裙的。

俄罗斯族妇女的头饰颇具特色，年轻姑娘与已婚妇女的头饰有严格区别。少女头饰的上端是敞开的，头发露在外面，梳成一条长长的辫子，并在辫子里编上色彩鲜艳的发带和小玻璃珠子。

已婚妇女的头饰则必须严密无孔，即先将头发梳成两条辫子盘在头上，再严严实实地把辫子裹在头巾或帽子里面，不能有一根头发露在外面，否则就被认为是不礼貌的行为。

盘　针

盘针是表现弯曲形体的刺绣针法。包括切针、接针、滚针、旋针四种。其中，切针最早，此后发展到旋针。

第八章

服饰是人类生存的必需品

服饰之美

服饰对人类有两大功能。一是实用，对个人是遮羞御寒，对社会是辨识身份。二是装饰，可展示仪容风采。

中国民间所具有的华美细腻的面料、繁复精致的工艺、线条流畅的造型、想象力丰富的图案使服饰不仅具有实用功能，更具有装饰和欣赏价值。

不断变化的衣装服饰，生动地展示了古人、今人对服饰美的崇尚和追求，也是每一个年代留下的鲜明的历史印记。

◆锡伯族服饰

锡伯族的早期服饰衣料是以鹿、猪等兽皮为主，比较注重

防寒保暖功能。

锡伯人的长袍，系大半截的长袍，底边在膝下半尺许，袖口为马蹄形，可以卷上，可以放下，下身穿长裤，外加“套裤”，没有裤裆和后腰。春秋穿的是“夹套裤”，冬季则穿“棉套裤”。

妇女穿戴要讲究些，穿长及脚面的旗袍，要粘花边或绣花宽边，外罩坎肩，坎肩有对襟的，有大襟的，也贴花边。衣襟、袖口、领口、下摆多镶滚边。扎黑色腿带，脚着白袜、绣花鞋。

未婚姑娘梳一条长辫，用各色“毛线”扎辫根，头上、辫梢爱戴些花，耳戴金银耳环，穿着

锡伯族萨满服饰

淡雅漂亮的旗袍。在右侧腰部的衣兜口内，掖一条彩色手帕，一半露在兜外。脚穿绣花布鞋，显示出青春的活力。

婚礼时，新娘头戴吉塔库，即布制发圈，上有贝壳、宝石和金银制的花饰，一排银链或串珠等装饰垂于眉宇之上。婚后的一年之内，参加较大喜庆活动时仍要戴上吉塔库。

已婚妇女头上盘头翅。妇女戴耳环、手镯、戒指等。

男女裤腿均扎黑色腿带，年轻女子扎红色、粉红色腿带，丧事时扎白色腿带。

新疆锡伯族妇女虽仍喜穿旗袍，大襟、下摆、袖口多镶滚边，长及脚面，但服饰已有显著改变，特别是青年妇女已多穿连衣裙等。男子穿对襟短衫，裤脚在脚踝处扎紧，冬天也穿大襟开衩长袍。

◆白族服饰

“苍山绿，洱海清，月亮白，山茶红，风摆杨柳枝，白雪映霞红”，这正是婀娜多姿、飘然若舞的白族服饰的真实写照。

白族服饰最明显的特征是色彩对比明快而映衬协调，挑绣精美，有镶边花饰，朴实大方，充分反映了白族人民在艺术上的造诣。

白族男子服饰差别较小，简洁朴实。妇女服饰悬殊较大，既鲜艳，又素雅，往往是上身和头饰比较花哨，而下身又较朴素。姑娘和小孩的服饰比较艳丽，中老年服饰比较淡雅。

白族儿童的帽子，有绣花的狮子帽、虎头帽、兔子帽、老鼠帽、青蛙帽、鸡冠帽、鱼尾帽、姑娘帽等，一般都钉上银饰物。

衣裤有僧衣、绣花口水兜、绣花撑腰、绣花围腰、绣花被风、连袜裤、绣花裹背。鞋子有绣花狮子头鞋、虎头鞋、猫头鞋、兔子鞋、老鼠鞋、翅头鞋、船形鞋、蝴蝶鞋等。

白族男子过去常戴八角帽、八角巾、布里子飘带麦秆草帽，以及白色包头、黑包头等。包头两边绣花，吊有玻璃圆珠缨穗。

衣饰有“三滴水”“五滴水”和对襟褂子。纽子多为银或，黑领褂。

中老年腰系的装草烟的麂、羊皮兜，很有民族特色。

白族的鞋子有“象鼻鞋”、布制凉草鞋，鞋尖鞋帮往往缀上缨花，老年人穿的有红缎万寿鞋，翅头鞋等。

白族男子服饰，现多已改变成汉族服装，只有在绕三灵、火把节等民族节日才能看到一些具

白族服饰

有民族特色的服饰。

白族少女的头饰极为讲究，最有民族特色，白族少女喜欢梳独辫，用一块挑花头巾，先把它叠成长条形加在独辫上面，再用红头绳绕着长长的独发辫，把辫子挽上，发辫成龙，挤在中间，上成龙马角，下成龙凤尾。

头巾上的缨穗系到左耳下，风吹飘摇，银珠闪闪发光。额上缨花发垒成串，既显示了少女长发美，又突出了发辫下色彩鲜艳的头巾，非常自如地渲染了白族少女发型和头饰所特有的风韵。

少女结婚前要戴一顶绣花的凤尾勒，前有两对细弹簧支撑的彩球，两侧为绣花的翅膀，后用银链连接，套在独辫上面，远远望去似一只鲜艳夺目的金凤凰。

婚后女子一般不再缠独辫裹头巾，而是把头发梳成三辫盘在后脑上成为挽髻，梳成皇后头，上罩黑丝网，插上管子，外套凤凰帽或绕头巾。

中老年妇女多梳高髻，裹以蜡染，扎染黑色头巾，给人以庄重之感。妇女的衣饰也因年龄不同而略有变化，主要是在色彩的选择和花边的运用及围腰的长短上的区别。

少女穿白色、水红、粉蓝的无领大襟衣或衬衣，外罩红色、浅蓝色领褂。领褂有金绒的，灯芯绒、毛呢或化纤的。色彩因年龄而定。

少女、少妇喜水红色，老年妇女喜黑、蓝色。用一条宽五寸左右，长几尺的绿色腰带，将腰部紧紧束起，再系上围腰。

少女喜单层短围腰，多为白、绿色，镶花边，绣福寿花、万字花、石榴花、蝴蝶花等图案，连以绣花“鸭舌”和飘带。把围腰盖在膝盖以上，恰到好处地展示了青春朝气和女性柔美的体态。

中老年妇女的围腰过膝，双层，色彩由暖色转向冷色，花色由繁变简。妇女围腰上还有一条绣花飘带，两端是两片双面绣花。

白族服饰

过去，中青年妇女要穿绲边为红、绿色的衣裤，绲衣、绲裤均为宽袖、宽裤管。现在裤子均改变，几乎与汉族相同。过去妇女还常穿各式绣花鞋，红缨花碎布麻草鞋，现在多已废弃。

下雨时，老年人穿的厚板底市制雨鞋，是一种很有民族特色的雨鞋。

白族姑娘出嫁时要制一套首饰，有蛇骨链，三须、五须的银质挂链，悬上针筒、金鱼等饰物。还有金、银，玉、藤手镯，纽丝锡，扁桃镯，串珠镯，小腿镯等。

其中，以玉器手镯和银质技链最为名贵，戴此二物者是已婚妇女的象征。此外，还有各种戒指、耳环、管子、帽花、八仙、冠针、龙凤、蝴蝶、头排锁、围腰牌，顶圈等。

白族男女都崇尚白色，以白色为尊贵。大理地区的白族男子多穿白色对襟衣，外套黑领褂，或数件皮质、绸缎领褂，俗称三滴水，腰系皮带或绣花兜肚，下着蓝色或黑色长裤。

在云南洱源县西山区，每个成年后的白族男子都身挎一个小巧玲珑的绣花荷包，荷包上绣着双雀登枝、鸳鸯戏水等字样。

女子服饰则各地不一，大理地区多穿白上衣，红坎肩，或浅色蓝上衣，外套黑丝绒领褂，腰系绣花短围腰，下着蓝色宽裤，足穿绣花百节鞋。

未婚妇女梳独辫子盘于头顶，并以鲜艳的红头绳绕在白色的头巾上，红白相衬，相得益彰。腰系绣花短围腰，更显得色彩鲜明，美观大方。已婚妇女改为挽髻。

洱海东岸妇女梳凤点头的发式，用丝网罩住，或绾以簪子，均用绣花巾或黑布包头。白族妇女有佩戴耳环、手镯的习俗。居住在大理洱源县的白族妇女喜欢的一种叫登机的头饰，它是姑娘心灵手巧的标志。

◆瑶族服饰

瑶族服饰历史悠久，已被列入第一批国家级非物质文化遗产名录。

瑶族的支系众多，名称复杂。云南省的瑶族主要有“蓝靛瑶”“过山瑶”“平头瑶”“红头瑶”“白头瑶”等。

据史籍记载和传说，“蓝靛瑶”是因妇女善种蓝靛和着蓝色衣服而得名的；“红头瑶”是因妇女头包红布而得名；“白头瑶”是由于妇女爱以白棉线缠头为饰而得名；“平头瑶”则是因妇女头顶置一平板装饰而得名。

瑶族妇女擅长刺绣，她们穿的衣服一般都或绣或挑的满身花锦，并在衣裤边镶上彩色花边，精美鲜艳。

富宁县的瑶族妇女多数上着青黑布无领斜襟长袖衣，袖口镶蓝、白、黑布边，外套蓝色或白色小垫肩，垫肩接胸襟，胸襟上钉密纽扣并绣着横排花纹。

下着裙或长裤，裙边裤脚镶着红色布边，围黑布腰巾，胫裹

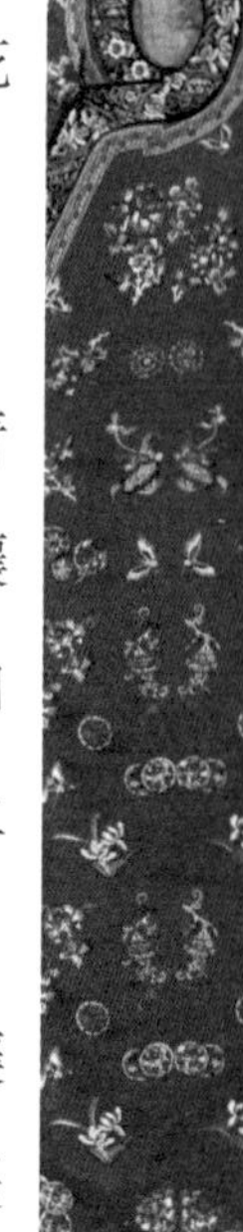

绑腿，以白线束发于顶，再用黑底白点布裹发，并让白棉线从头顶和耳边露出。在瑶族人看来，姑娘一旦包帕，意味着成人了。

男子一般蓄发盘髻，以红布或青布包头，着对襟长袖衣，领边袖口常以桃花图案作装饰，衣外多套无领无袖白布褂。

近代，瑶族服饰仍保留着这些独特的风格。他们一般着黑色和深蓝色职服，衣料都是自织的粗厚白布，用蓝靛浸染。

瑶族男子

男子蓄发盘髻，以红布或青布包头，包头外围有素净刺绣巾；内着无领对襟长袖衣，领边袖口皆有少许挑花图案，布扣一般成五、七、九、十一单数，扣上往往锁有绒布装饰，衣外斜挎双蜥九领无袖白布褂，褂左右各有口袋一个，皆无任何刺绣装饰，下着宽边长裤，有的胫裹绑腿，绑腿布尾端缀有彩丝。

富宁县有的瑶族上着青黑布无领斜襟

瑶族服饰

长袖衣，袖口镶有蓝、白、黑布边，衣外着白布或蓝布小垫肩，垫肩并有小胸襟，胸襟上钉有密纽扣和绩月横排花纹。

下着长裤，亦有着裙者，长及脚踝，沿边镶有红色布边，然后将被脚挽卷一截，围黑布腰印，胫裹绑腿，束发于顶，再以白棉线覆顶，再用黑底白点布一幅缠裹，头顶和网导有白棉线露出。

富宁一带的“板瑶”女子，领围接红色棉线球，大若碗状，分十、十二个不等。丘北、红河一带的“红头瑶”以“冠红巾”为饰。各支系瑶族儿童不论男女，都穿圆领对襟衣，下着长裤。男孩五岁以前剃发，戴小瓜帽，待家中来客能与其打招呼时便开始蓄发。

幼女戴小花帽，十五六岁开始摘帽包头帕。包头帕要举行仪式，由年龄大并已包帕的大姑娘为小姑娘包帕。

各支系幼孩均喜欢佩戴兽类爪、牙，如野猪、虎、豹、熊爪、牙等。于胸间、腰间和帽边，以示避邪。

成年女子皆佩戴银质耳环、头钗、头针、大颈圈、手镯、戒指以及胸前银牌、银链、串珠等饰物，琳琅美观。

◆侗族服饰

侗族男子男穿对襟短衣，有的短衣右衽无领，包大头巾。女子上着大襟、无领、无扣衣，下穿裙或裤。惯束腰带，包头帕。多用黑、青、深紫、白等四色。

其中，黑青色多用于春、秋、冬三季，白色多用于夏季，紫色多用于节日。

女裙不分季节，多用黑色。讲究色彩配合，通常以一种颜色为主，类比色为辅，再用对比性颜色装饰。整体主次分明，色调明快而恬静，柔和而娴雅。

流行于广西三江的侗族荷包是妇女的腰间饰物，形似葫芦，长 12 厘米，下宽 8 厘米，以粉绿色做底纹，上绣自由式花草、动物纹样，用玫瑰红、桃红、群青、草绿、墨绿、金黄、银色丝线织成。葫芦边缘有红、蓝二色花边，两侧有红、绿二色吊穗。

侗族耳环流传于广西三江、龙胜，湖南新晃、通道，贵州黔东南地区。是妇女的耳垂装饰，一般呈环形，钥匙圈大小，不封口，尾部勾着圆形、扁形或帽形雕刻精美的装饰物，多用细银线弯结成果状、花状或绣球状。其周围、下方吊着小鱼、桃形、扁长体、菱形、塔状等各种小饰物，上刻细小花纹。

有的耳环形似竹根，上涂珐琅。还有的用细银线缠绕在环形圈上，未缠线处涂珐琅花纹。因使用人和场合不同，亦有区别，小孩、老年妇女所戴的耳环较为简单。青年妇女戴者叫“色板”，节日盛装时要戴两三对，显示其美丽、富有。

流行于广西三江的侗族胸兜花是妇女的胸围花饰。纹样多采用喜鹊、谷穗、杨梅、荔枝等花鸟纹样，配以铜钱纹样，含富贵吉祥之意。

侗族银饰流行于贵州、湖南、广西等侗族地区。妇女喜戴项圈、手镯、耳环、头花等。姑娘们参加婚礼和节日盛装时尤不可缺少。

◆黎族服饰

黎族服饰属于第二批国家级非物质文化遗产。

黎族男子一般穿对襟无领的上衣和长裤，缠头巾、插雉翎。

妇女穿黑色圆领贯头衣，配以诸多饰物，领口用白绿两色珠串连成三条套边，袖口和下摆以花纹装饰，前后身用小珠串成彩色图案。下穿紧身超短筒裙。有些妇女身着黑、蓝色平领上衣，袖口上绣白色花纹，后背有一道横条花纹，下着色彩艳丽的花筒裙，裙子的合口褶设在前面，盛装时头插银钗，颈戴银链、银项圈，胸挂珠铃，手戴银圈，头系黑布头巾。

黎族服饰主要是利用海岛棉、麻、木棉、树皮纤维和蚕丝织制缝合而成。远古的时候，有些地方还利用楮树或见血封喉树的树皮作为服饰材料。

这种服饰材料，是从山上砍下树皮，经过拍打去掉外层皮渣，剩下纤维层，然后用石灰，即螺壳烧成的灰浸泡晒干而成。

黎族祖先利用这种树皮纤维来缝制成的衣服、被子、帽子等被称为“树皮布”服饰。

黎族服饰过去绝大部分是自纺、自织、自染、自缝的，其染料以在山上采集植物为主，矿物为辅。

黎族服饰并非全是根据体型而定的，服饰的尺寸因为各个地域的语言、族源、族系、崇拜、祭祀、丧葬及生活环境的差异，所喜爱的服饰款样标准、自然也不同。

随着时间不断地推移和各民族交往的频繁，黎族服饰有了变化。其中最明显的是将无领直口和贯头上衣，改为挖口上衣领，

黎族银饰

或者将直身、直缝、直袖改为使腰身、袖口有缝，或者改无纽为饰纽，后来又改为琵琶纽，直到将对襟改为偏襟。

黎族妇女服饰主要有上衣、下裙和头巾三个部分，这三个部分都织绣着精致的花纹图案。上衣有直领、无领、无钮对襟衫或者贯头衣。贯头上衣皆由三至五幅素织的布料缝成，适于刺绣加工，故衣襟多是绣花。

女裙为筒裙，通常由裙头、裙身带、裙腰、裙身和裙尾缝合而成。各幅都是单独织成，因而适合于织花、绣花和加工，所以筒裙花纹图案比较多、复杂。

有些筒裙为了突出花纹图案，又在沿边加绣补充，提高图案色彩，故称为“牵”。由于织花的经纬密度高，大大加强了筒裙的牵度，既经久耐穿，又具有特色。

◆羌族服饰

羌族男女皆穿麻布长衫、羊皮坎肩，包头帕，束腰带，裹绑腿。男女都在长衫外套一件羊皮背心，俗称“皮褂褂”，晴天毛向内，雨天毛向外，以防雨。还有一种背心是羊毛毡子做的，比前者略长。

男子长衫过膝，梳辫包帕，腰带和绑腿多用麻布或羊毛织成，一般穿草鞋、布鞋或牛皮靴。喜欢在腰带上佩挂镶嵌着珊瑚的火镰和刀。

女子衫长及踝，领镶梅花形银饰，襟边、袖口、领边等处绣有花边，腰束绣花围裙与飘带，腰带上也绣着花纹图案。

未婚少女梳辫盘头，包绣花头帕。已婚妇女梳髻，再包绣花头帕。

羌族妇女亦喜缠青色或白色的头帕，青年妇女常包绣有各色图案的头帕或先将瓦状的青布叠顶在头上，再用两根发辫盘绕作鬟；一般冬季包四方头巾，上绣各色图案，春秋季包绣花头帕。

羌族的男人喜着青色或白色头帕，穿自制的麻布长衫，外套一件无袖子的羊皮褂子，这种褂子可用来防寒、挡雨、垫坐。

羌族人脚穿有鼻的“云云鞋”，鞋子绣有云彩图案及波纹，鞋尖

羌族服饰

微翘，有的还穿皮鞋、布鞋脚上裹牛、羊毛制的毡子绑腿，绑腿有保温和护腿的作用，年轻女子还在绑腿上缠红脚带子，男女皆束腰带。

羌族妇女喜穿有花边的衣衫，衣领及袖口上镶排梅花形银饰，系有花边的绣花飘带。喜戴银牌、领花、耳环、圈子和戒指等饰物，富有人家还在戒指上镶嵌玛瑙、玉石及珊瑚，有的胸前戴椭圆形的“色昊”，上用银丝编织的珊瑚珠，用来祈求佑福增寿。

◆仡佬族服饰

仡佬族人善纺织、刺绣、蜡染，历史上因其服饰色彩款式不同而被称为“青仡佬”“红仡佬”“花仡佬”“披袍仡佬”等。

近代仡佬族的传统服饰也很有特色，女子穿无领大襟长袖衣，衣上满饰层次丰富、题材各异的菱形或长条形图案，手法为蜡染和彩绣。下着的百褶裙、钩尖鞋、腰系小围腰，也是满饰绣染。

仡佬族男子多穿对襟上衣，长裤，用白布或青布包头，穿元宝鞋或云钩鞋。妇女一般穿及腰短上衣，袖背上绣有鳞状花纹，下配无褶长筒裙。裙由三段组成，中间用土红色羊毛织成，上下两段是麻织条纹土布。外套圆领无袖、前短后长的贯头衣，头盘大发髻，用三条一丈多的布包住，后面露出六个头穗。

少女喜欢戴一端绣有红、黄、绿、紫等彩色花边的黑色头巾。脚穿翘尖绣花鞋。穿右衽大襟短衣、长裤，衣袖宽短，襟及环肩以宽边装饰，裤较短，裤脚较窄。仡佬族妇女擅长于纺织，服装面料都是自织自染的细布，结实耐用，朴素大方。

仡佬族服饰无论男女皆穿筒

裙。裙料以染色羊毛线编织，或将一幅料横向连缀两端而成或用两幅横联而就。裙腰无褶皱，穿时以裙自头上贯通而下，故又名为“通裙”。

男子穿短上衣，居住高寒山区者常外披毛毡一幅。妇女的衣服一般是长衣短裙，制作更为讲究、美观。

不同支系所穿服色不同，人们依其服色而分别称之为“红仡佬”“白仡佬”“青仡佬”“花仡佬”。如在衣领、衣袖、裙边绣以红花

仫佬族

的被称为“红仡佬”。“花仡佬”所绣花边则为五彩色，且周身还缀以蚕茧为饰，累累如贯珠。

有一部分“披袍仡佬”服饰衣长仅尺余，在上衣外再套袍一件。袍无领无袖，有如布袋，于袋底中部及左右各开一孔，穿时头及手从孔中伸出，前胸短、后背长，袍上缀海巴为饰物，下仍着五色羊毛筒裙。

◆怒族服饰

怒族男子的服饰风格古朴素雅，与傈僳族相似，男子蓄发多蓄长发，披发齐耳，用青布或白布包头。

贡山的怒族女子用白布帕裹大包头，不穿裙，仅用两块条纹麻布围在腰间，类似裙装。穿及膝长裤时前襟上提，系宽大腰带，扎成袋状，以便装物。

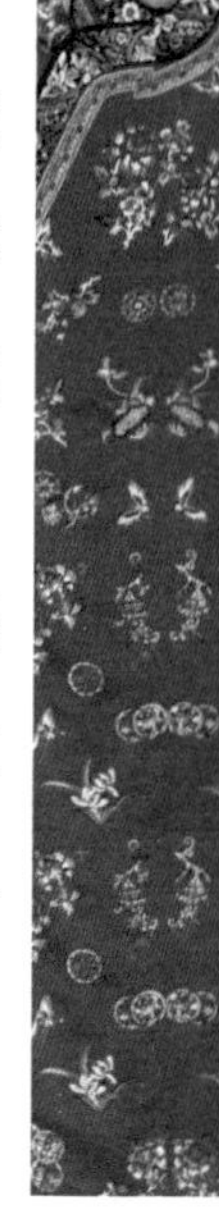

怒族服饰色彩以白色为基调，间饰黑色线条，戴坠红飘带的白包头，下着短裤，大部分男人左耳佩戴一串珊瑚，成年男子喜欢在腰间佩挂怒刀，肩挎弩弓及兽皮箭包，打竹篾制作的绑腿，显得英武彪悍。

怒族男女服饰多为麻布质地，妇女一般穿敞襟宽胸、衣长到踝的麻布袍，在衣服前后摆的接口处，缀一块红色的镶边布。少女喜欢在麻布袍的外面加一条围裙，并在衣服边上绣上各色花边。

怒族妇女穿麻布做成的右衽短装，下装为麻布长裙，喜在衣裙上镶坠花边，在胸前佩戴彩色

怒族妇女在编织“约多”

珠子串成的项圈，有的妇女用珊瑚、玛瑙、贝壳、银币等串成漂亮的头饰或胸饰，耳戴垂肩的大铜环。装饰品的多少贵贱象征佩戴者的身份和经济状况。

妇女喜挎自己缝制刺绣的怒包装饰并盛物。少女喜欢在裙外系有彩色花边的围腰，已婚妇女的衣裙上都绣有花边。贡山一带的怒族妇女不穿裙，而是在裤外用两块彩条麻。喜用精致的竹管穿耳，体现其独到审美。

怒族人最有特色的服饰叫“约多”。这种由怒族妇女编织的“约多”，工艺水平很高，男子白天可以当衣穿，晚上可以当被盖；妇女做成围裙系在腰间，既耐寒又耐脏，深受人们喜爱。

怒族妇女从小就要学习捻羊毛线、织羊毛袜子，姑娘长大后，要把自己织的羊毛袜子送给心上人，小伙子若收下羊毛袜子，就表示接受了姑娘的爱情。

由于支系不同，居住地邻近民族的影响不同，中国云南境内的怒族服饰可大致归为“若柔模式”“阿龙模式”“阿怒”及“怒苏模式”，一般以最后一种——阿怒及怒苏模式为代表。

“若柔模式”服饰接近于白族、汉族装束。成年男子打包头，上身穿对襟衣，下身穿普通裤；女子也打包头，头饰较少，上身穿前襟短后襟长的粗蓝土布上衣，下身穿普通裤。

“阿龙模式”的服饰显然受到了藏族、纳西族的影响。妇女戴头巾，系头巾的带子要用若干种彩色毛线编成，并结成发圈套在头上。身穿麻布长衫，胸前多戴珠玉佩饰。下身着长裤，再自腰处围上一块长齐脚踝的怒毯，这怒毯颇似藏族的氆氇，不过花格是竖条形的，有的妇女还喜欢围上一条纳西族式的黑色多褶围裙。

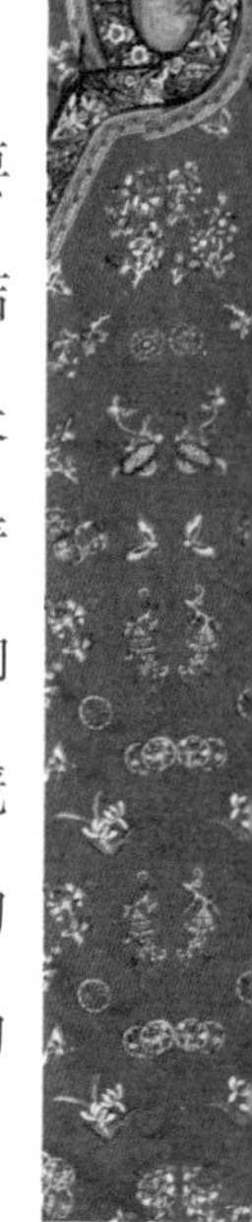

“阿龙模式”男人的服饰穿戴则与其他地方的怒族男子相似。

“阿怒及怒苏模式”的男子上身穿麻布长衫，腰系藤条或麻绳，下身裤长只到膝下，小腿上穿一副用细篾片编成的脚笼，以防在山林行走、田间劳作时被草木虫蛇伤害，如今大多数人用更舒适的麻布绑腿取代了脚笼。

怒族妇女的装束要复杂一些：上身穿白色长袖衣，外罩一件深红色、黑色或深蓝色镶花边的夹袄，下身穿一条深色的大摆长裙；头戴用珊瑚、小铜铃、贝壳、铜币等串制成的发箍；胸前挂一串串珠链和一个大大的贝壳。

◆佤族服饰

佤族服饰有地区差异，西盟的男子一般穿黑、青色的无领短款上衣，下着黑色或青色的大裆宽筒裤，剪发。用黑、青、白、红色的布包头，喜欢戴银镯，佩竹饰，出门肩挎长刀、挂包。

女子多穿贯头的紧身无袖短衣，下穿红、黑色横条纹的筒裙，披发，佩戴银、竹、藤制饰物，喜欢用竹或藤做成圈状饰物装饰在颈、腰、臂腿等处。

男女老少都喜欢佩戴极具民族特色的佤族挂包，男女青年还将其作为爱情的信物。服饰用料多为自制的棉、麻土布，染成红、黄、蓝、黑、褐等色，配上各种色线，织出各种各样美丽的图案。

佤族男青年一般戴竹藤制的项圈，少数富有者戴银项圈和银手镯。妇女的服饰，各村寨不同。岳宋妇女上身着披户，裙子长而大。

发箍是佤族妇女最具特色的头饰，它呈半月形，中间宽，两头窄，长约30厘米，中部宽约10厘米，多用铝、银制成，也有竹藤制的。

佤族妇女耳戴银环，颈戴银项圈和若干串料珠，有的料珠中还加有贝壳。腰围若干个竹圈，小腿和大腿之间戴着若干个竹圈或藤圈，大小臂间戴有银饰，手指上戴戒指。

这样的服饰实在负担太重，很不方便，可是佤族却以此为美。

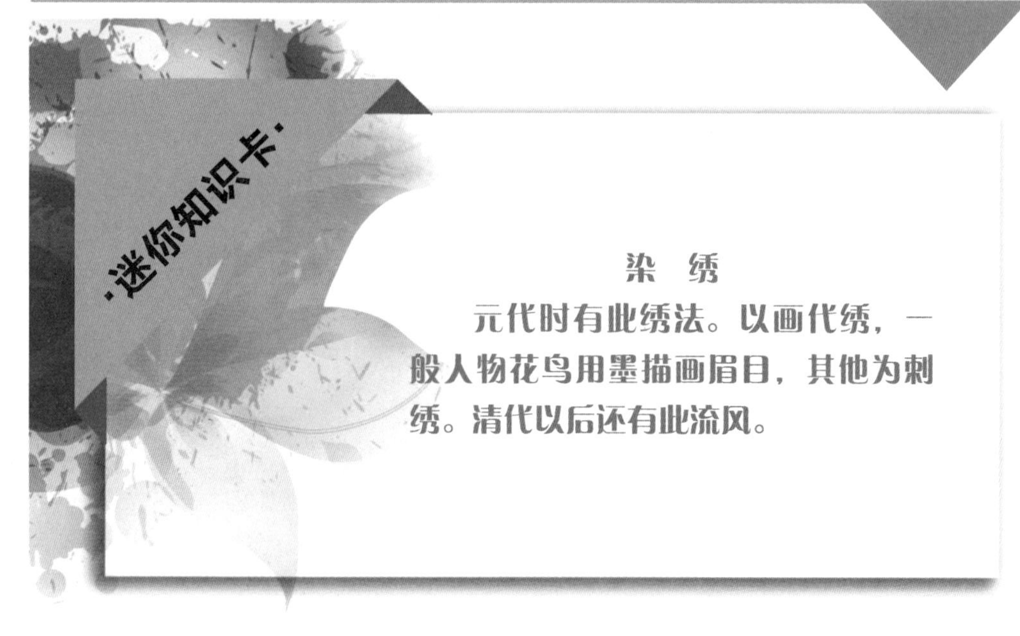

染　绣

元代时有此绣法。以画代绣，一般人物花鸟用墨描画眉目，其他为刺绣。清代以后还有此流风。

图书在版编目（CIP）数据

魅力独特的民族服饰 / 王晶编著. -- 长春 : 吉林出版集团股份有限公司, 2014.7
（流光溢彩的中华民俗文化 : 彩图版 / 沈丽颖主编）
ISBN 978-7-5534-5075-9

Ⅰ. ①魅… Ⅱ. ①王… Ⅲ. ①少数民族 – 民族服饰 – 介绍 – 中国 Ⅳ. ①TS941.742.8

中国版本图书馆CIP数据核字(2014)第152330号

魅力独特的民族服饰
MEILI DUTE DE MINZU FUSHI

作　　者　王　晶
出 版 人　吴　强
责任编辑　陈佩雄
开　　本　710 mm × 1 000 mm　1/16
字　　数　150 千字
印　　张　10
版　　次　2014 年 7 月第 1 版
印　　次　2023 年 4 月第 4 次印刷
出　　版　吉林出版集团股份有限公司
发　　行　吉林音像出版社有限责任公司
　　　　　吉林北方卡通漫画有限责任公司
地　　址　长春市福祉大路 5788 号
发　　行　0431-81629667
印　　刷　鸿鹄（唐山）印务有限公司
ISBN 978-7-5534-5075-9　定价：45.00 元